わかばちゃんと学ぶ

Analytics
Google（グーグル）
アナリティクス

湊川あい ● 著

C&R研究所

アクセス解析ぃ？

表示された数字を
見ればいいだけでしょ

わざわざ
勉強しなくても
いいんじゃない？

らくしょ〜
でしょ♪

それは
どうかな

広告の効果を
検証するには？

・ページビュー
・セッション数
・ユーザー数
の違いは？

タグマネージャと
連携すると
どんなメリットがある？

そ、そんなの
私には必要
ないもん

なぜなら
……!!

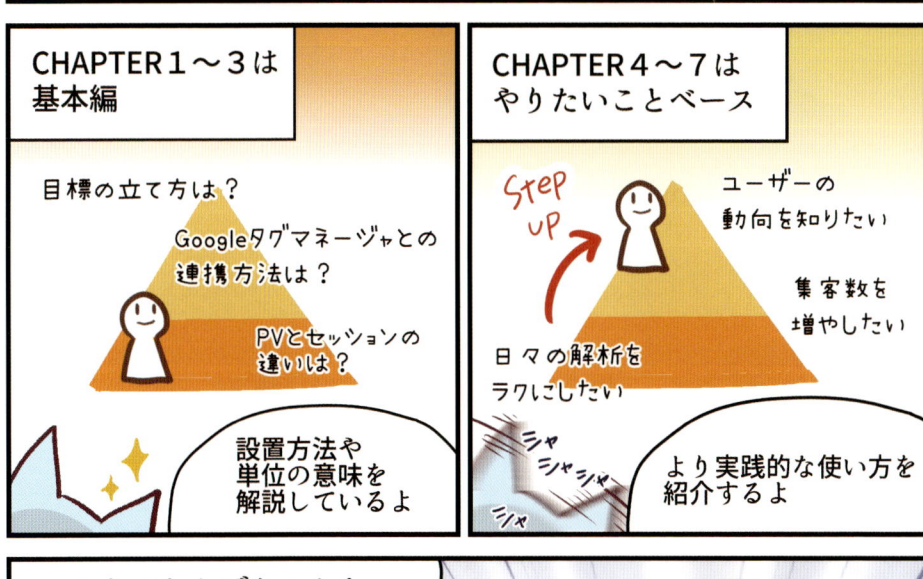

わかばちゃん

ページビュー？
セッション？

それって
何が違うんですか？

本　　名	伊呂波（いろは）わかば
夢	Webデザイナーになること
性　　格	マイペース・インドア派

IT業界に憧れる、マイペースな大学生。

アクセス解析は初心者レベル。

ワクワクするようなインターンシップを
期待して、株式会社ファントム・グレイに
やってきたが、つぶれかけの部署の立て
直しを任されて……!?

こちらの書籍にも登場しています！

平さん

まぁまぁ
そう怖がらないでよ

わかばちゃんのインターンシップ先の部署で
働いている社員。
フルネームは「平 米二（たいら よねじ）」。
大勢の人に注目されるのが苦手で
本社ビルにはほとんど顔を出さない。

本部長

あなたには
つぶれかけの部署の
改善をしてもらうわ！

株式会社ファントム・グレイの本部長。
フルネームは「姉小路 レミ（あねのこうじ れみ）」。
会社創業当時から在籍しており
その手腕を発揮している。

🌱 わかばちゃんの世界 🌱

インターンシップ先

平さん

本部長

**Google
アナリティクス**

大学のゼミ

魔王教授

エルマスさん

Git

Web制作

わかばちゃんの家

HTMLちゃん

CSSちゃん

JavaScriptさん

PHPさん

はじめに

せっかく学ぶなら、楽しい方がいい

「アクセス解析って難しそう」

「勉強しようとは思っているけど、何から始めればいいかわからない」

そんな方のために、楽しくアクセス解析が学べる本を作りました。

- 個性的なキャラクターたちが登場するマンガ
- 感覚的にわかる図解
- 丁寧な実践パート

上記3つの特長で、アクセス解析ツール「Googleアナリティクス」を無理なく学べます。

こんな方にオススメ

◆ 企画・営業担当

毎回、プログラマやWebデザイナーにアクセス解析のデータを出してもらっている。「いい加減、自分でもやれるようにならなくては……」そう思いつつも、具体的にどう使えばいいかわからない。

◆ 人事担当

ツイッターや求人サイトで自社を宣伝。「頑張ってるみたいだけど、それ効果あるの?」って言われちゃった。自分でやった施策の効果を検証できるようになりたい。

◆ プログラマ・Webデザイナー

自分たちでPDCAを回して収益化する必要がある。プログラミング／デザインはわかるけど、アクセス解析は専門外。

◆ 中小企業のWeb担当

いきなりWeb担当に任命されてしまった。ITの知識がないので、わけがわからず困っている。

◆ フリーランス

　顧客のWebサイトの効果測定・継続的改善までやる仕事が入った。アクセス解析は今まで感覚でやってきたから、正直、自信がない。

◆ クリエイター

　自分の作品が、どういう経路で見られているか知りたい。もっと多くの人に見てもらいたい。

 導入方法・用語の意味から解説しているから、**初めてアクセス解析をする人でも大丈夫**だよ

🌱 Googleアナリティクス全体図

　本書を読み進めるに当たって、まずは、Googleアナリティクスの全体像を押さえておきましょう。また、よくある質問とその回答も掲載します。

　最初にざっと目を通しておくと、スムーズに読み進められるでしょう。

◆ 各要素との関係

　Googleアナリティクスと、各要素の関係は次のとおりです。

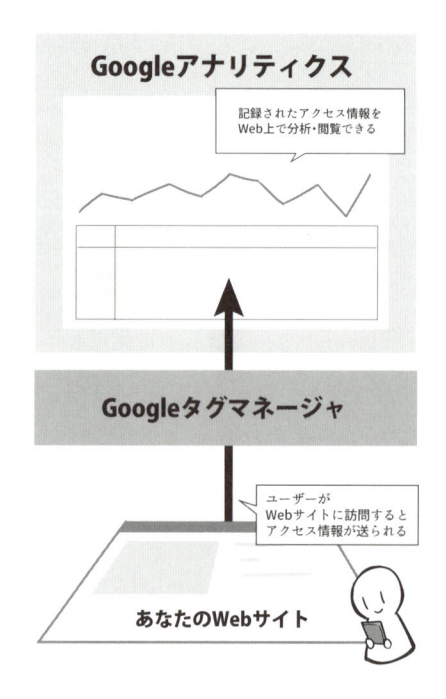

◆ Googleアナリティクスに関するよくある質問

 Googleアナリティクスとは?

Googleが提供する、アクセス解析サービスです。
自社のWebサイトに

- どんな人たちが
- どこから
- どんな経路で
- どれくらいの数

流入しているかを計測し、それらのデータをWebサイトの改善に役立てることができます。

 個人のWebサイトでも使えるの?

はい、個人のWebサイト・ブログでも利用可能です。

 自前のWebサイトを持っていなくても大丈夫?

はい、大丈夫です。Googleが提供しているデモアカウントを利用できます。
具体的な利用方法は、63ページをご覧ください。

 無料なの?

本書のGoogleアナリティクスでの実践内容は、すべて無料で実践できます。

CONTENTS

CHAPTER ①

まずはアクセス解析を知ろう

アクセス解析って何?

CHAPTER ②

Googleアナリティクスを設定しよう

Googleアナリティクス・
Googleタグマネージャを導入しよう

基本的なことを覚えよう

CHAPTER 3
基本的な単位・見方を知ろう

CHAPTER 7

ラクする方法を紹介

日々の解析をもっとラクにしたい

■権利について

- 本書に記述されている社名・製品名などは、一般に各社の商標または登録商標です。
- 本書では™、©、®は割愛しています。

■本書の内容について

- 本書は著者・編集者が実際に操作した結果を慎重に検討し、著述・編集しています。ただし、本書の記述内容に関わる運用結果にまつわるあらゆる損害・障害につきましては、責任を負いませんのであらかじめご了承ください。
- 本書は2018年2月現在の情報で記述されています。
- 本書の操作画面はmacOSの環境を基本としています。他の環境では操作が異なる場合がございます。あらかじめご了承ください。
- 本書に掲載している漫画はフィクションです。実在の人物や団体などとは関係ありません。

●本書の内容についてのお問い合わせについて

　この度はC&R研究所の書籍をお買いあげいただきましてありがとうございます。本書の内容に関するお問い合わせは、「書名」「該当するページ番号」「返信先」を必ず明記の上、C&R研究所のホームページ(http://www.c-r.com/)の右上の「お問い合わせ」をクリックし、専用フォームからお送りいただくか、FAXまたは郵送で次の宛先までお送りください。お電話でのお問い合わせや本書の内容とは直接的に関係のない事柄に関するご質問にはお答えできませんので、あらかじめご了承ください。

〒950-3122 新潟県新潟市北区西名目所4083-6　株式会社 C&R研究所　編集部
FAX 025-258-2801
『わかばちゃんと学ぶ　Googleアナリティクス』サポート係

CHAPTER 1

アクセス解析って何?

インターンシップ先は
問題だらけ!?

が

伊呂波わかば
配属：なんかいい感じにする部

ペラッ

なんですかこの
聞いたことない
名前の部署は

あぁ

あなたの配属は
コッチじゃなくて

アッチね

ボロッ

はい!?

本部長

よかったのですか？
例の部署に
配属なんて……

ええ

あの子には
何かを感じるの

その正体が
なんなのか

見てみたくてね

ははぁ
本部長も
なかなか…

誰に似たん
ですかねぇ

……

21

暗くて
よく見えない…

こんな場所
何に使われてるの？

それに
奥にあるのは？
なにか大量の……

在庫だよ

🖊 「改善しなさい」って言われても……具体的にどうすりゃいいの!?

「集客数を増やしてください」「売上を上げてください」

そんなこと言われたって、具体的に何をどうすればいいのかわかりませんよね。たとえば、こんなあるある問題……。

- 具体的にどの数字を見ればいいかわからず、Googleアナリティクスの画面を眺めているだけになる
- 会議のためにレポートを作っても、いつも的外れだと言われてしまう
- アクセス解析した結果を、次にどう繋げたらいいかわからない
- 鳴かず飛ばずの売上、夢物語の目標数値に右往左往

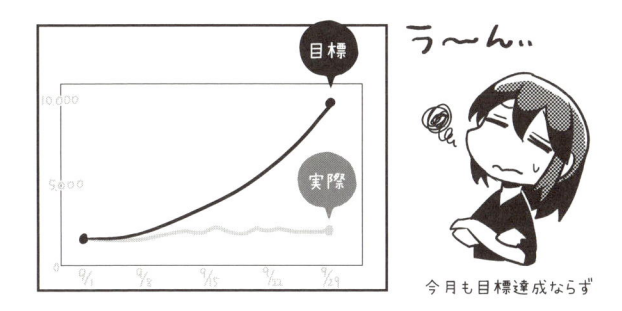

今月も目標達成ならず

アクセス解析の分野は、専門用語が多く登場し、一見、難しそうに見えます。集客数・売上アップも、なかなか一筋縄ではいきません。

でも大丈夫。用語の意味を1つひとつ押さえて、データをうまく使えば、あなたのGoogleアナリティクスは改善策の宝庫になるのです。

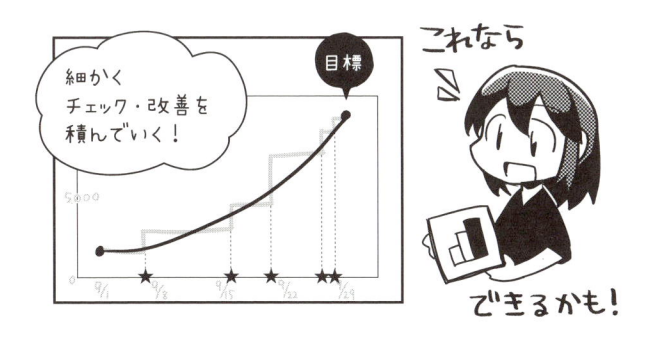

主人公のわかばちゃんと一緒に、楽しく成果の出るアクセス解析を学びましょう!

1 アクセス解析って何? 2 3 4 5 6 7

こんな商品、売れっこない！

今月の目標は

キュ

ヘチマを売り切って

1ヶ月で売上10万円

これだ!!

ドサッ

へちま〜　へちま〜

こ

こんなの
売れるわけない!!

終わった… 私のインターンシップ

おーい
いつまで
そうしてるつもりだ

まずは
どうすれば達成できるか
考えてみようじゃないか

シャ

…
はい？

質問を
変えよう

どうすれば購買数が
増えるか

考えてみようじゃないか

広告を出す　　SEO

SNSで紹介

とか？

それは**手法**に
寄りすぎているな

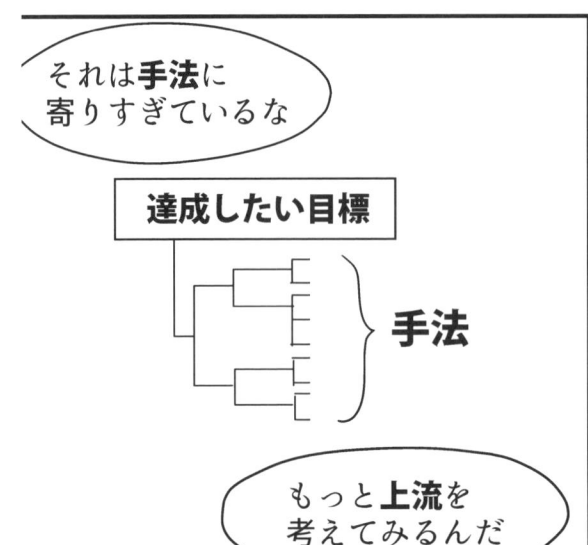

達成したい目標

手法

もっと**上流**を
考えてみるんだ

上流？

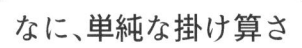
なに、単純な掛け算さ

$$購買数 = 客数 × 購買率$$

CV

CVR

客数か購買率を
上げてやればいい

え
それって
当たり前
ですよね

なーんだ
知っているのか

じゃあ
僕が説明
するまでも
ないね

仕事の続き
するか〜

よっこらしょ

そんな
当たり前のこと

私にだって
わかるし…!!

29

わかばちゃんのメモを見てみよう

ここでわかばちゃんのメモを見てみましょう。

▼わかばちゃんのメモ

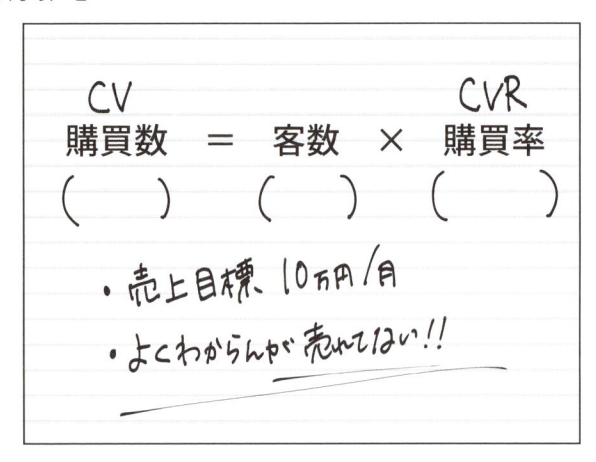

あらら、購買数 ＝ 訪問数 × 購買率の式が真っ白ですね。わかばちゃんの思考はここで止まっているみたいです。

あなたならどうしますか？

ヘチマのたわしとまではいかなくても、普段の仕事で無茶な目標数値を達成しないといけないことはままありますよね。

- 赤字を垂れ流している在庫を今月中に吐き切ってくれ
- Webからの申込数を先月の倍にしてほしい
- 電話からの問い合わせ件数を減らしたいんだけど、どうにかならないの？

無理めな目標を提示されると、その時点で「そんなのできっこない」と思考停止しがちです。

とはいえ、仕事をしないわけにもいきませんから、「とりあえず」の施策を打つことに時間を使ってしまうことも。

あなたならこんなとき、どうしますか？　平さんなら、どう解決するでしょうか？

SECTION 03 Webサイトの現状を把握せよ!

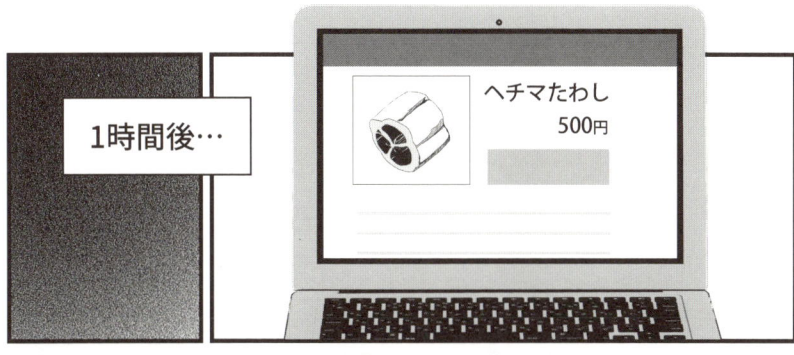

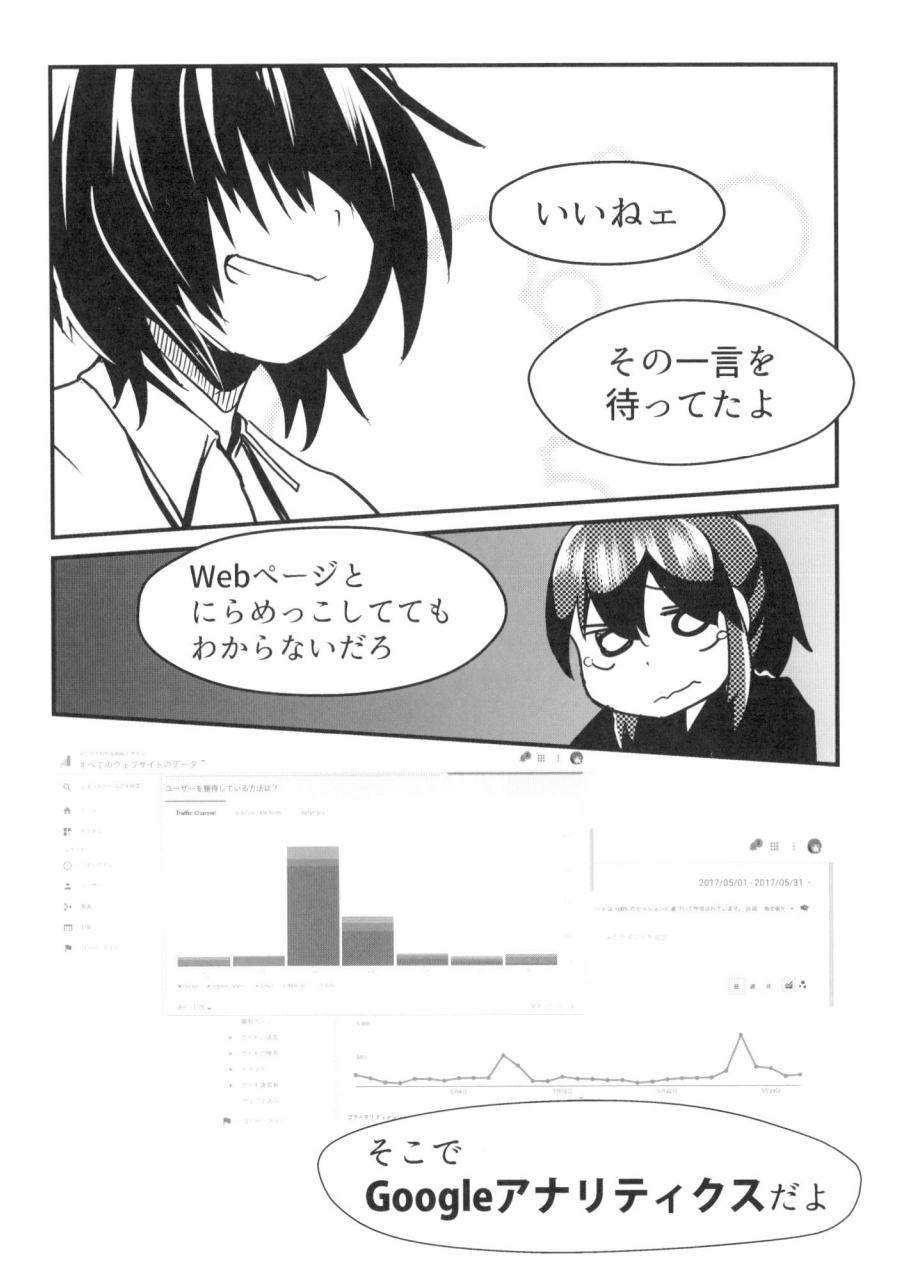

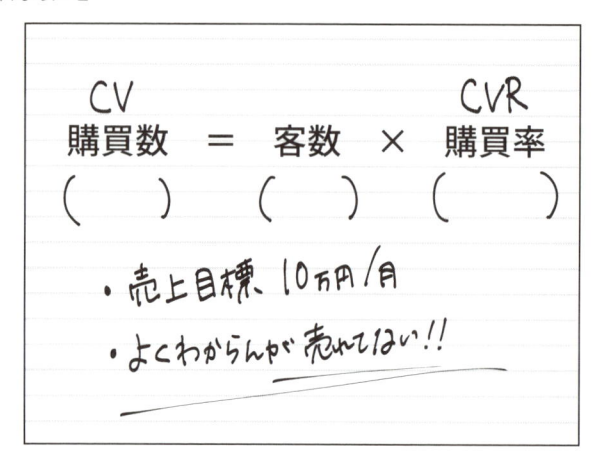 Webページとにらめっこしているだけでは、具体的な数字はわからない

「そんなこと、私にだってわかるし!」と強気なわかばちゃんでしたが、1時間考えても、このメモを埋めることができませんでした。

▼わかばちゃんのメモ

1
アクセス解析って何?

それもそのはず、Webページとにらめっこしているだけでは、具体的な数字は把握できないからです。では、肝心の数字を見るにはどうすればいいのでしょう?

そこで、Googleアナリティクスが役立つのです!

知っていたなら、先に教えてくださいよ?　平さんの意地悪。

先にツールを与えられたら、考えなくなるだろ。もし、僕が先に与えていたら、君はGoogleアナリティクスという強力なツールに「使われていた」だろうな。

うっ、確かに。反論できない……。

自分自身で本気で困って初めて、そのツールを使う本当の意味がわかるってもんさ。実際、うちの会社にも「なぜGoogleアナリティクスを使うのか」理由を答えられない人が多いんだ。道具に使われるんじゃない。使いこなすんだ。

現在の状態・目標とする状態を把握しよう

わかばちゃんは紙を1枚だけ用意して唸っていましたが、そもそもこれが間違いです。

次の2種類の紙を用意しましょう。

- A:現在の状態
- B:目標とする状態

そして、それぞれに次の式を書きます。

> **購買数 = 客数 × 購買率**

◆ コンバージョン(CV)とは

コンバージョンとは、目標が達成された数のことです。CV(シーブイ)や成約数と呼ばれることもあります。

コンバージョンの定義は、Webサイトの目的によってさまざまです。

- ネットショップなら「商品の購入」
- 企業サイトなら「お問い合わせ」や「資料請求」
- Webメディアなら「PV」や「広告のクリック」

わかばちゃんの場合は、ネットショップでヘチマたわしを売ることが目的なので「商品の購入」がコンバージョンとなります。

◆ コンバージョン率(CVR)とは

コンバージョン率とは、アクセスのうちコンバージョンに至った割合を指します。コンバージョン率は、CVR(シーブイアール)や成約率と呼ばれることもあります。

たとえば、100人がWebサイトに訪問し、そのうち1人が購入したらCVRは1%ということになるな。

簡単、簡単!

◆ A：現在の状態を把握しよう

　街の散髪屋さんを想像してみてください。散髪屋さんの店長は、当たり前のように今日の来客数や客層を把握していますよね。たとえば、「今日はお客さんが少なかったな、雨だからかな」「夏祭りのシーズンだから、髪のセットの予約がいつもの2.5倍だ」というように。

　決して、「今日のお客さんの数？　客層？　私にはさっぱりわかりませんね」なんて言う店長はいないでしょう。

　インターネットの場合、実店舗と違って、見ようとしなければお客様の姿は見えません。

　アクセス解析をしないというのは、目隠しをしてお客さんを見ようとしない店長のようなものなのです。

確かに、自分の店の来客数や客層を把握していない店長なんて、ありえないわ。そんな店すぐつぶれそう。

（さっきまで君もその1人だっただろ……）。
その通りだな。**「どんな人が」「どれくらい来ているか」**チェックするのは、**実店舗でもWebサイトでも同じ**だな。

　平さんに手伝ってもらいながら、先月のGoogleアナリティクスの数値を参考に、現状を表したメモが仕上がりました。

▼現在の状態のメモ

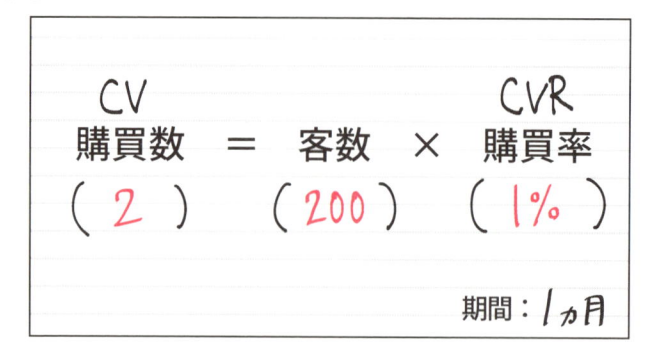

ふーん、先月は200ユーザーが訪問して、そのうち2ユーザーが購入したんだ。売れた数としては少ないけれど、売上ゼロというわけじゃないのね。

1 アクセス解析って何？

◆ B：目標とする状態を把握しよう

現状を把握し終わったら、次は目標とする状態を把握しましょう。

わかばちゃんの目標は**1カ月でヘチマたわしを10万円売ること**です。ヘチマたわしの販売単価は500円ですから、10万円を達成するには**200個**売り上げる必要があります。

これで、式の枠のうち、1つが埋まりますね。

【**200CV**】 ＝ 訪問数 × CVR

さて、ここで先ほどの現状分析メモを参考にしてみましょう。先月のヘチマたわしの商品ページへの訪問者数は200ユーザーでしたね。

200CV ＝ 【**200ユーザー**】 × CVR

じゃあ、CVR100％にしたら、200人中、200人が買ってくれて、売上目標10万円達成ですよね。CVR100％を目指しましょう！これでどうだ！

200CV ＝ 200ユーザー × 【**CVR 100%**】 ←！？

CVR100％!？　Webマーケティングではありえない数値だ。もしそんなことが起きたら怪奇現象だな。

へぇ、そうなんですか？　じゃあ聞きますけど、ネットショップのCVRってどれぐらいが目安なんでしょう？

だいたい2％が目安だな。

ええっ？　少ない！　それなら、CVRは2％を目標にして、ユーザー数はユーザー数で地道に増やすしかないかぁ……。こんな感じでどうですか？

200CV ＝ 10,000訪問 × 【**CVR 2%**】 ←妥当な数値になった

 素晴らしい!　そうやって、目標数値を分解した上で、実現できそうな形に落としこむのが大事なんだ。

▼目標とする数値のメモ

 よーし、**購買数 ＝ 訪問数 × 購買率**の式が埋まりました!
うーん、でもこれ本当に達成できるのかなぁ。私のインターンシップ、ただでさえ、出だしが最悪だし……。

 あ、そうそう言い忘れてた。この1カ月で一番成果を出したインターンシップ生には、MVP賞が贈られて、アメリカの技術カンファレンスに行けるチケットがもらえるらしいよ。

 なっ、何だって!?
（このめちゃくちゃな状況を挽回するにはそれしかない!）
絶対目標達成しましょう!　おー!

 俄然やる気になったな。わかりやす……。

SECTION 04 アクセス解析をすると何がいいの？

そもそもなぜアクセス解析をするのか？

アクセス解析をすると何がいいのでしょう？

その前に、そもそもなぜ私たちがアクセス解析をするのかを考えてみましょう。今、あなたが本書を読んでいるということは、何かしらの理由があると思います。

- 企画・営業担当
  - 毎回、プログラマやWebデザイナーにアクセス解析のデータを出してもらっている。「いい加減、自分でもやれるようにならなくては……」そう思いつつも、具体的にどう使えばいいかわからない。
- 人事担当
  - ツイッターや求人サイトで自社を宣伝。「頑張ってるみたいだけど、それ効果あるの?」って言われちゃった。自分でやった施策の効果を検証できるようになりたい。
- プログラマ・Webデザイナー
  - 自分たちでPDCAを回して収益化する必要がある。プログラミング/デザインはわかるけど、アクセス解析は専門外。
- クリエイター
  - 自分の作品が、どういう経路で来た人に見られているか知りたい。もっと多くの人に見てもらいたい。
- アフィリエイター
  - 自分のサイトにもっと人を流入させたい。アフィリエイトの収益をアップしたい。

このとおり、私たちの専門分野はバラバラですが、目指すものは実はひとつです。それはズバリ、成果を出すこと。言い換えれば、成功を繰り返せるようになることです。

いったいどういうことでしょうか？　アクセス解析を導入していない場合と、導入している場合を比べてみましょう。

◆ アクセス解析を導入していないと

アクセス解析をしていなかった場合、どうなるのでしょうか?(期間:1週間)

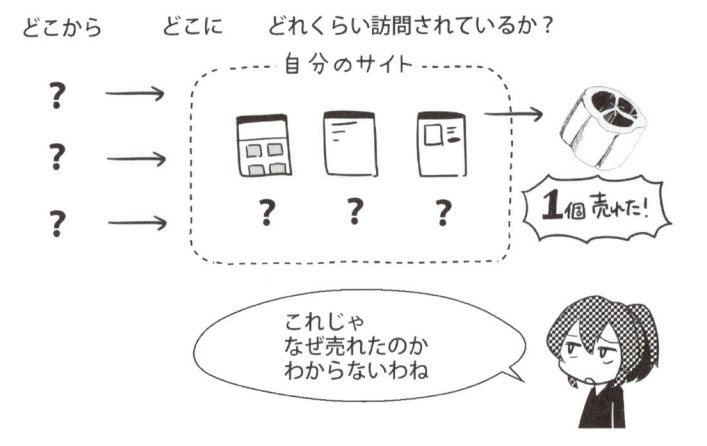

 **何だかよくわからないけれど**、1週間でヘチマが1個売れたよ! **とりあえず**、Twitterでの商品紹介を続けていけば、また売れるかな。

このように、よくわからないままにとりあえずの施策を打ってしまいがちです。

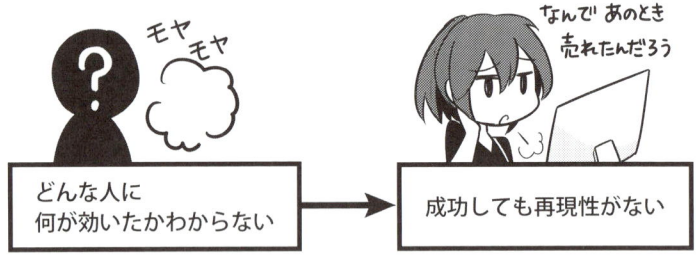

ユーザーは、検索エンジンから来たのでしょうか? はたまたSNSから来たのでしょうか? どんなページをたどって、コンバージョンに至ったのでしょうか?
アクセス解析をしていないと、どんな人に・何が効いたかがまったく見えません。せっかくうまくいったパターンがあっても、その成功を再現できないわけです。これではもったいないですね。

◆ アクセス解析を導入していると

では反対に、アクセス解析をしていると、どうでしょうか?(期間:1週間)

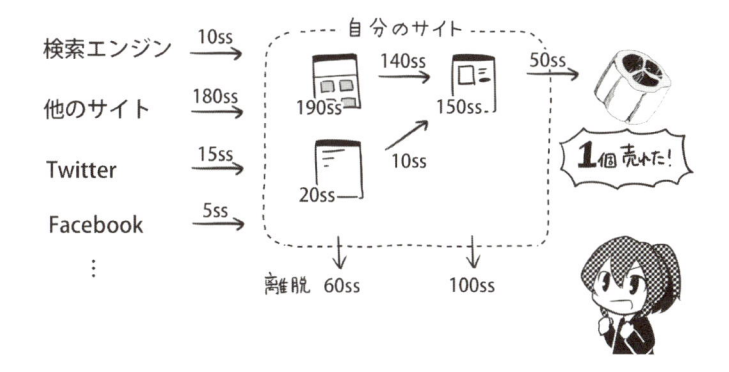

次のように、いろいろなことかがわかります。

- Webサイトに来た人の数
- どこからこのWebサイトにたどり着いたのか
- Webサイト上での行動パターン

アクセス解析をしていると

どんな人に・何が効いたかがわかるので、成功を繰り返せるようになるわけです。

具体的には、次のようなケースです。

- 思っていたより、ニュースサイトからの流入が多いことが判明
  - → ニュースリリースを打つのを、月1回から週1回に増やしてみよう!
- もともと狙っていたキーワードAよりも、別のキーワードBで検索流入してきた人のほうがCVRが高いことが判明
  - → キーワードBのSEOに力を入れよう!

さらには、失敗パターン・取り逃がしが把握できるようになるのも、素晴らしい点でしょう。

- Web広告から流入してきたユーザーが、サイトにとどまらず、すぐに直帰していると判明
  - → 広告の内容と実際のページ内容に差異がありすぎないか？　広告内容を見直してみよう!
- 新規ユーザーが伸び悩んでいる
  - → 友達を招待するとインセンティブがもらえる仕組みにしてみよう!

このように、どんな人に・何が効いたかだけでなく、どんな人に・何が効かなかったかという事実も、サイト改善には重要な素材になるのです。

アクセス解析をすると成功を繰り返せる

さて、ここで最初の問いに戻りましょう。

「アクセス解析をすると何がいいの？」

ここまで読んだあなたにはわかるはずです。アクセス解析をするといい理由、それはズバリ、成功を繰り返しやすくなるからです。

小さな成功の種を見つけ、それを大きくしていく。そして効果のないものには、必要以上に時間を割かないことで、より効果のある施策に集中していけるわけです。

「なんかいい感じにする部」って変なネーミングだと思ってたけど、もしかしてこういうことだったの？

まぁ、かっこよく言うと、そうだな……　「グロースハック部」ってことになるのかな。

グロースハック!　かっこいい!

いや、そんな……。僕は「なんかいい感じにする部」のほうが落ち着くかな。

SECTION 05　そのサイトは誰のための サイト？　目的を確認しよう

やっぱり
どう考えても

こんなの
売れるわけないよ

どう考えても
謎すぎる…

ヘチマ〜

体を洗う用にしては
短すぎるし…

ち〜ま、

それとも
観賞用とか？

癒し

それは ないか

このページを
どんな人が見にくるか

ソースコードを
見た感じだと

```
<title>ヘチマ たわし | 通販なら…

<meta name="description"
content="ヘチマたわしを販売中。こ…
```

一応「ヘチマ たわし」で
検索順位を上げようと
しているみたいだけど…

全ッ然
ピンとこない!!

……待てよ

そもそも企画の人たちは
何を考えて
これを作ったんだろう？

それがわからないと
サイト改善も何も
できないじゃん…!?

平さん!!

ちょっと私
企画部に
行ってきます!!

おー‥

はぁ!?

1 ／アクセス解析って何？

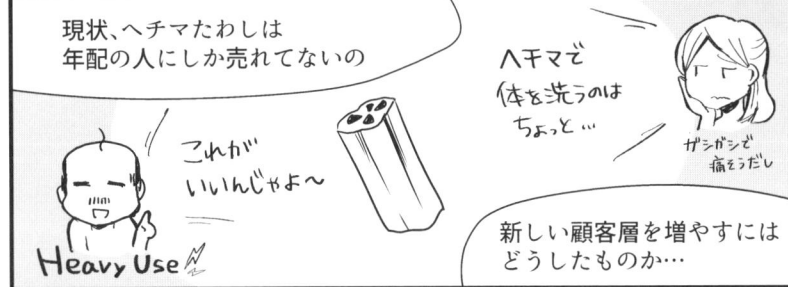

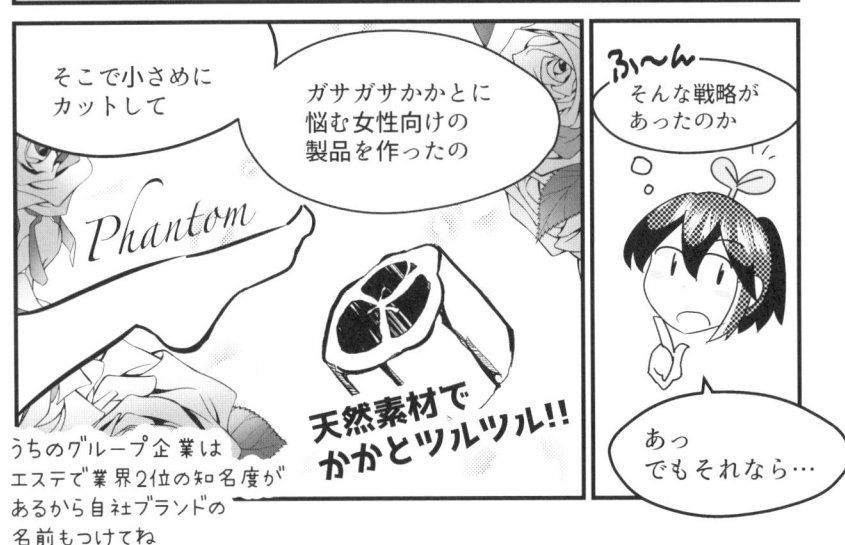

1　アクセス解析って何？

SEMで狙うキーワードも
見直す必要がありますね

ヘチマたわし｜通販ならファントムグレイ

○○○.com/hechima.html ▼

ヘチマたわしを販売中。こちらのタワシはへちまから作られ
買い上げで送料無料・即日発送。

「ヘチマ たわし」で
検索結果上位を
狙うよりも

ガサガサかかとにはコレ！ヘチマの天然素材でかかとツルツル｜

○○○.com/kakato.html ▼

かかとがガサガサ、どうケアしたらいいかわからない…そんなお悩みはありませんか？そ
なのがへちまから作られた天然素材のタワシです。スタッフが実際に1週間使ってみて、す

「かかと ガサガサ」で狙ったほうが
ターゲットが流入してくるのでは？

……あなた
なんでそんなに
SEOに詳しいの？

ハッ

いや〜

同居人が
そっち系な
もんで

同居人？

そっち系…！？

その頃のわかば宅

へくしっ

あ〜

※「わかばちゃんと学ぶWebサイト制作の基本」参照

まずはそもそもの戦略を確認しよう

「Webサイトの改善を任された！」

そんなとき、いきなりパソコンの前に座ってアクセス解析を始めてしまっていませんか？

すべての製品・サービスには戦略があります。あなたの身の回りのもの、たとえば、スマホ、手帳、チョコレート、アプリやニュースサイトも、マーケティングという過程を経て作られています。

マーケティングのフレームワークはいろいろありますが、その中でも代表的な「3C」と「4P」の2つについて知っておきましょう。

3Cって何？

3Cとは、市場と競合を分析した上で、成功要因を見つけ出し、自社の製品・サービスの戦略を練るためのフレームワークです。

- 市場（Customer）………… 潜在顧客を把握する（市場規模、ニーズなど）。
- 競合（Competitor）…… ライバル企業の特徴を把握する（強み・弱み、製品・サービスの特徴など）。
- 自社（Company）………… 自社が市場に対してどんな価値を提供するか、ライバル企業に対して自社はどのような強みがあるのかを分析する。

これら3つの頭文字をとって「3C」と呼ばれています。

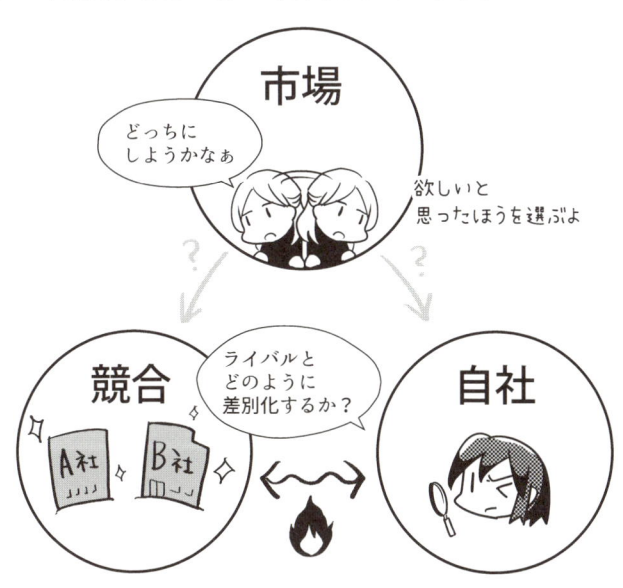

　そして、この3つの輪を分析した上で浮かび上がってくるのが「KBF」「KSF」です。

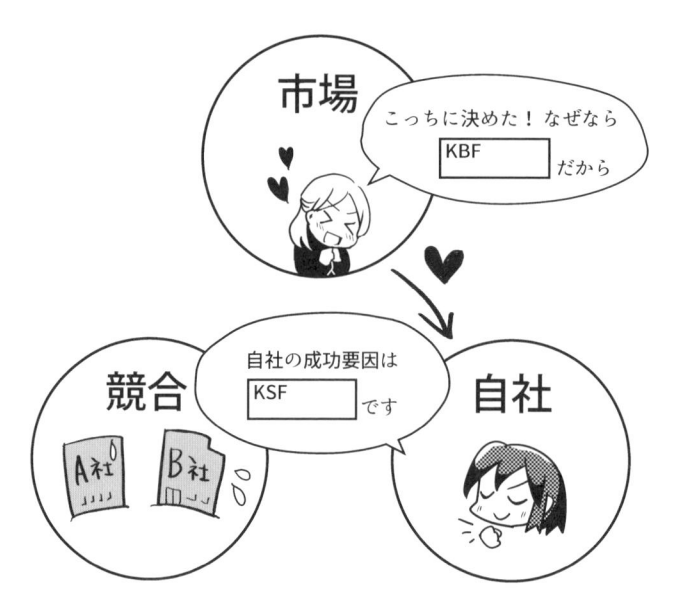

KBFとKSFは、それぞれ次のような意味になります。

● KBF ………Key Buying Factorsの略。「購買の要因」という意味。購入の決め手になる要因。

● KSF ………Key Success Factorsの略。「成功の要因」という意味。業界で勝つための要因。

4Pって何？

4Pとは、潜在顧客に働きかける具体的な施策を考えるためのフレームワークです。

- 製品（Product）
- 価格（Price）
- 流通（Place）
- プロモーション（Promotion）

これら4つの頭文字をとって「4P」と呼ばれています。

 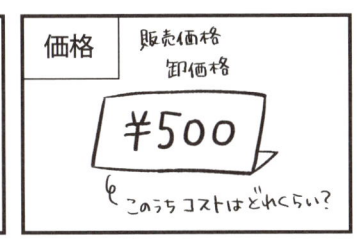

項目	内容	具体例
製品（Product）	商品・サービスの特徴、提供する価値は何か	誰向けか、どんな場面で必要とされるのか、サポートや保証など
価格（Price）	商品・サービスの価格をどう設定するか	コスト、市場浸透価格など
流通（Place）	どのような経路や手段で顧客に届けるのか	通信販売、ネット販売、店舗販売、卸売など
プロモーション（Promotion）	商品の存在や特徴をどう知らせるか	テレビCM、チラシ、ネット広告など

3Cで立てた戦略と**4Pの内容**の整合性がとれているかどうか、常に気にしながら設計しよう。

一本のスジを通そう

　戦略は、上から下まで一貫して同じものであるべきです。戦略からアウトプットまでスジが通っていることが重要なのです。

▼◎成功パターン　　　　　　　　　　▼×失敗パターン

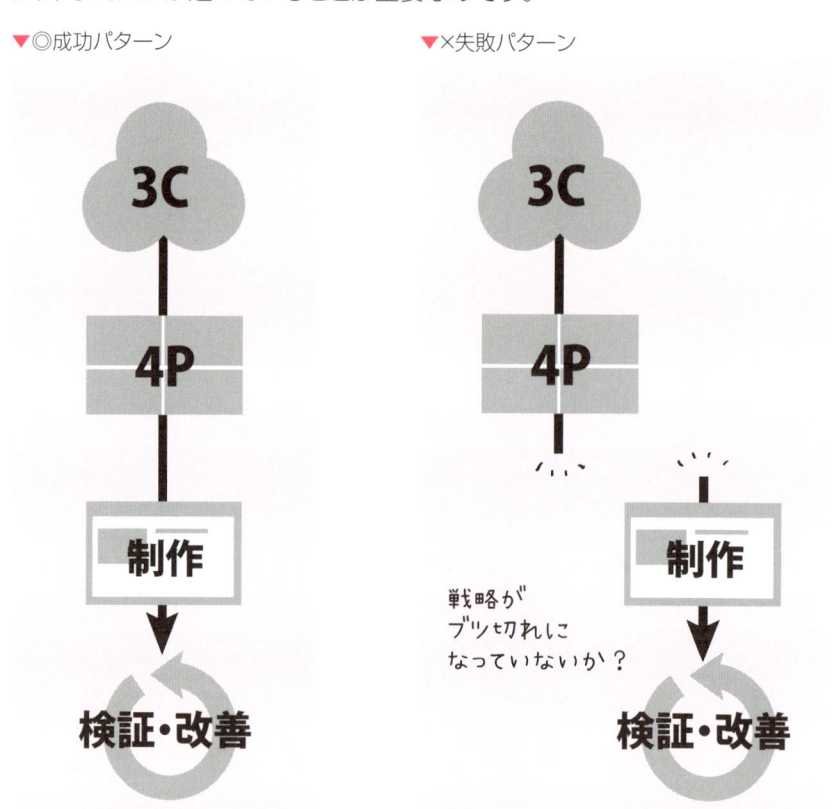

　たとえば、今回のわかばちゃんのケースだと、戦略が制作部まで伝わっていませんでした。戦略の話が企画部までで止まってしまっていて、そのあとWebページ制作部隊や広報に伝わっていなかったのが原因です。

本来は「ガサガサかかとに悩む女性向け」「エステ業界第2位の自社ブランドを押し出してアピールする」という戦略があったはずなのに、それが制作部に伝わっていなくて「ヘチマたわし　500円」とだけ書かれて売られていたんだから、そりゃ売れないよね！

これでは弾み車を逆に回している状態です。

　複数人で取り組むことのメリットは、1人で回すよりも大きな力が出せることです。それなのに進む方向を教えてもらっていなかったり、皆がバラバラの方向に進んだりしてしまうと、弾み車はうまく回りません。

「そもそも誰向けのWebサイトなのかハッキリしない」

「企画担当が何を考えているのかわからない」

そんなふうにモヤモヤを感じる場合は、次のうちどちらかです。

- A：そもそもの戦略自体がぼやけている
- B：戦略はあるが制作部にまで伝わっていない

◆ A：そもそもの戦略自体がぼやけている場合

　すべてのもととなる戦略自体がふわっとしている場合、マーケティングのやり直しから始める必要があります。

　「誰向けかよくわからない」ものを、「適当にいい感じ」にできる人はいません。

　顧客の立場から考えてみてもそうです。知らない人が近づいてきて「この商品は誰向けのものかよくわかりません。でも買ってください」と言われたら、買いますか？　答えはノーですよね。

　「あなたのための商品ですよ」「あなたのためのWebサービスですよ」と語りかけられてはじめて、顧客は興味を持つわけです。

　まずは、仮説を立てて「こんな人がいて、こんな需要がありそうだな」というアタリをつけましょう。

　そして、小さくテストマーケティングを繰り返しながら、戦略が確固たるものになるようブラッシュアップしていきましょう。

◆B：戦略はあるが制作部にまで伝わっていない

あなたが企画担当やディレクターなら、制作部に戦略を伝え続けましょう。そして「本当に伝わっているかどうか」「トータルで見て一本のスジが通っているかどうか」をこまめに確認をしましょう。

ここで重要なのは「伝える」だけでなく「伝わるまで伝え続ける」ことです。

さらに言えば「伝わっても伝え続ける」べきでしょう。

企画の仕事は、案を出したら終わりではありません。大事なのは「こんな悩みを持っている人に、こんなプロダクト/サービスで、こんな価値を提供するんだ」という一連のストーリーです。

このストーリーが、チーム全員にとって共通のものになるよう、熱っぽく伝え続けるようにしてください。

以前の上司が、毎日のように戦略を伝えてくれる人でした。「こういう人に向けて、こういう価値を提供したいよね！　その結果、こんな世の中にしたい」と。ランチのときも、仕事の合間にも、もちろんミーティングでも。それって、実はとっても大切な時間なんです。

細やかにすり合わせを行うことで、制作部の戦略の理解度も上がります。

さらに、上司・ディレクター側としても、今どれくらいリソースがあるのか、顧客の反応はどうかなど、現場にしかわからないことも把握できるようになります。

市場の状況は日々変わっていきます。今うまくいっているビジネスでも次々と競合が参入してきます。

ですから「一度、作った戦略が永久に無敵」なんてことはまずありえません。

「ミーティングで発表したし十分だろう」

「紙に書いて目立つところに貼っておけばいい」

その程度の共有では、全然足りません。

目指すべきは、チームが「この状態にしてみせるんだ！」と一丸になる状態です。

その結果、異なるスキルを持った複数人が同じ目標を持ち、1つの思念体になります。それが同じ方向に弾み車を回すための条件なんです。こうなれば、あとは加速度的に効果が出始めるはずです。

一見、遠回りに見えるかもしれませんが、まずは関わる人すべてに戦略を伝えるところから始めてみましょう。

さて、ここからはあなたが開発部や制作部、グロースハック部の担当の場合の話をします。

「企画担当が戦略を伝えてくれなくて、困っている」

そんなときは、どうしたらいいのでしょうか。

その場合は、ズバリ今回のわかばちゃんのように、こちらから聞きに行く必要があります。

戦略を確認しに行くことは何ら恥ずかしいことではありません。むしろ褒められるべきことです。

「このWebサイトの3Cは何ですか？」

「この商品の4Pは何ですか？」

わからないなら聞きに行く。前提をすり合わせる。そうやって、弾み車の向きを合わせていきましょう。

 うんうん。こまめに確認して、方向性を合わせていくのって大事だな。「だってそんなの聞いてないもん」では、お互いに何も進展しないもんね。

📝 PDCAの「C」で改善のサイクルを回そう

よし、戦略を確認したから、あとはそれをもとにWebページの内容を作りなおせば完璧ね!

おっと!　まだ終わってないよ。作ったあとは、検証・改善。「作ったあと放置」は、やりがちだから気をつけてね。

◆ PDCAサイクルとは

　PDCAサイクルとは、プロダクトを継続的に改善していくための考え方です。もともとは製造業の品質管理を目的として提唱された考え方ですが、Webサイトの改善にも当てはめることができます。

単語	意味	内容
Plan	計画	目標数値・その数値を達成するためにやること・点検方法を定める
Do	実行	Planで決めた計画を実行する
Check	点検・評価	Doで行った効果を測定し評価する
Act	改善・処置	Checkで確認した結果をもとに、継続・修正・破棄の3つの内どれか1つを選び、次のPlanにつなげる

　Plan・Do・Check・Actと進み、さらに改良された次のPlanへと進む。単に円の上をぐるぐる回るわけではなく、上方向へスパイラルアップしていくイメージです。

平さん、見てください!　私なりにPDCAサイクルを考えてみました!

▼わかばちゃんが考えたPDCAサイクル

単語	内容
Plan	ヘチマたわしを売りまくる。
Do	戦略に沿ったWebページの改善、コンテンツ追加。キーワード「かかと がさがさ」でSEOを行う。
Check	Googleアナリティクスで効果測定。
Act	効果があればキーワードを拡大して継続、効果がなければ別の方法を試す。

 うーん。残念だけど、これじゃあPDCAサイクルとは言えないかな。

 えっ！　何でだめなんですか？

 数字が入っていないからだよ。PDCAサイクルは統計学の観点から作られた考え方でね。**数値を軸にして回していくメソッド**なんだ。

 ふむふむ。PDCAサイクルと言うからには、必ず数字が入っているべきなんですね。それじゃ、書き直してと……。こんな感じかな。

▼改善後

単語	内容
Plan	1カ月でヘチマたわしを10万円売る。そのために1カ月間のユーザー数を1万に、CVRを2%にする。
Do	戦略に沿ったWebページの改善、コンテンツ追加。 キーワード「かかと がさがさ」で検索結果1位になるようSEOを行う。
Check	最低1週間に1度は、Googleアナリティクスで効果測定。 まず1週目はユーザー数1500で、CVRを1.2%まで上げる。
Act	効果があればキーワードを拡大して継続、効果がなければ別の方法を試す。

 どうでしょう？

 おお、バッチリだね！　戦略とPDCAの基本がわかったところで、次の章からは実際にGoogleアナリティクスを導入していこう。

ほんとに
　こんな目標
　　達成できるのかなぁ…

GOAL

CHAPTER 2

Googleアナリティクス・Googleタグマネージャを導入しよう

SECTION 06 これがGoogleアナリティクスの画面だ!

ホーム画面

　いきなり「Googleアナリティクスを導入しましょう」と言われても、どんなものなのかわからないと導入のモチベーションもわきませんね。まず最初に、どんな画面でどんな数字がわかるのか、ちらっと見てみましょう。

　下図がGoogleアナリティクスのホーム画面です。直近のアクセス数や、アクティブユーザー数(今まさにリアルタイムで自分のサイトを閲覧しているユーザーの数)がひと目でわかるようになっています。

　さらにスクロールすると、ユーザーを獲得している方法や、ユーザーが訪れる時間帯、地域、使われているデバイスの割合などが閲覧できます。

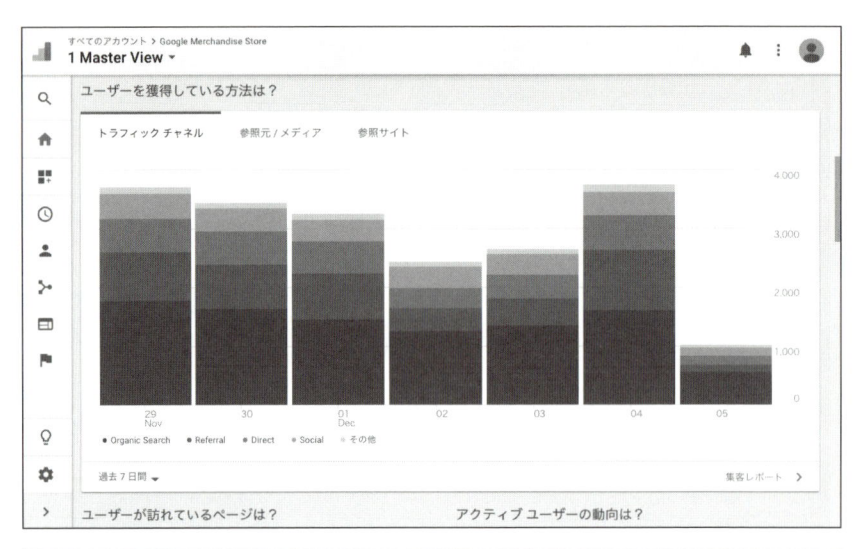

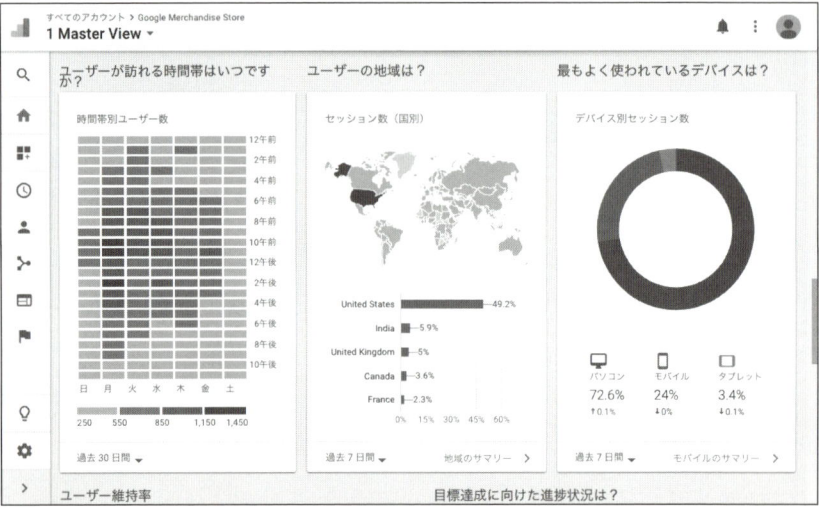

へぇ〜、Googleアナリティクスって、こんな感じの画面なんですね。もっと数字ばかりが並んでいるものだと思っていたけど、これなら視覚的にわかっておもしろそう!

ここで紹介したのはほんの一例で、実際はもっとたくさんの種類の分析画面があるんだ。Googleアナリティクスがどんなものか、ざっくりわかったところで、次のページからは導入方法に入っていこう。

Googleアナリティクスに登録しよう

📝 誰でも簡単に始められる！　Googleアナリティクス

　アクセス解析の定番「Googleアナリティクス」。Googleアカウントを持っていれば、誰でも今すぐ、無料で始められます。

　あなたが自分のWebサイトを持っているかどうかで、登録の操作が変わるよ。どちらか選んで読み進めてね。

- 自分のWebサイトを**持っていない**場合　→「手順A」へ
- 自分のWebサイトを**持っている**場合　→「手順B」へ

📝 手順A：自分のWebサイトを持っていない場合（デモアカウントを利用）

　「Webサイトを持っていない」「まずはサンプルデータで試したい」という方にピッタリなのが、Googleが提供していくれているデモアカウントです。

　デモアカウントのアクセスデータは、実在するGoogle公式グッズストア「Google Merchandise store」のもので、誰でも自由に解析・閲覧することができます。

　URL https://shop.googlemerchandisestore.com/

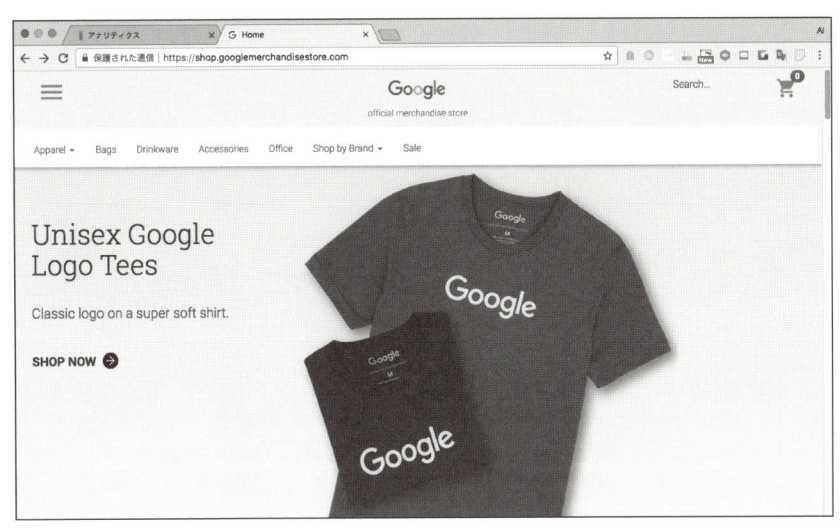

◆ デモアカウントを登録しよう

デモアカウントを登録するには、次のように操作します。

❶ まずはGoogleアナリティクス（https://www.google.com/analytics/）にアクセスしましょう。

❷ ［ログイン］（**1**）をクリックし、表示されるメニューから［Googleアナリティクス］（**2**）を選択します。その後、Googleアカウントのログイン画面が開くのでログインします。

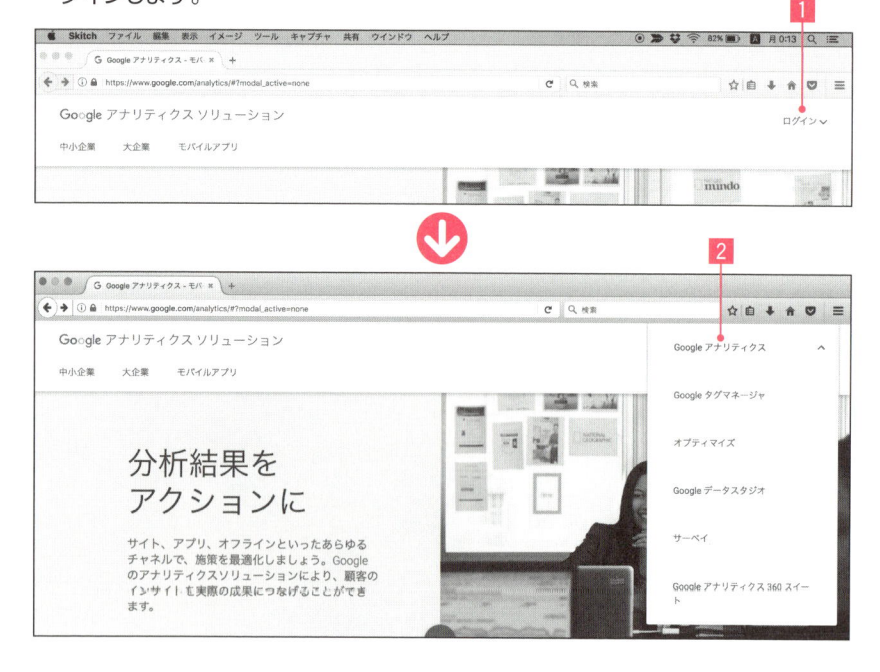

❸ 次のような画面が表示されます。[お申し込み]ボタン（**1**）をクリックします。

❹ 次に「Googleアナリティクス ヘルプ」と検索（**1**）し、「デモアカウント」（**2**）をクリックします。

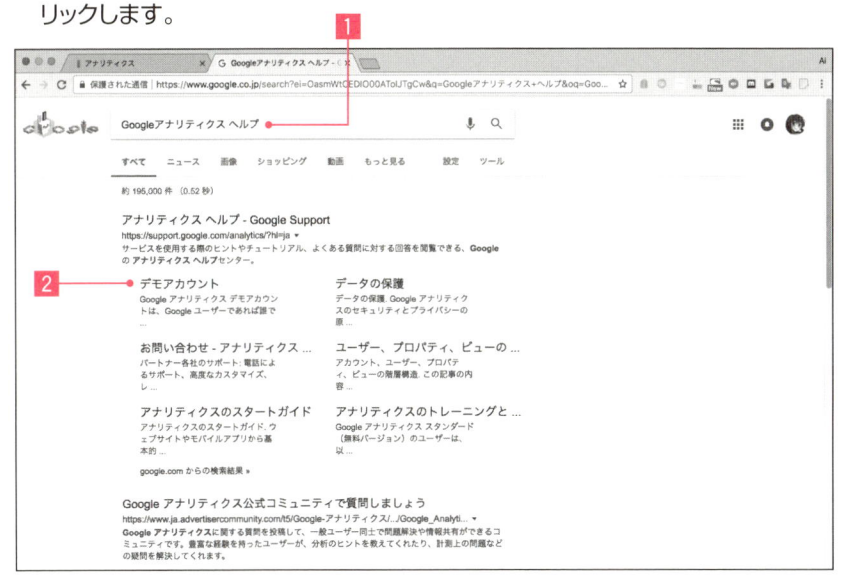

2 Googleアナリティクス・Googleタグマネージャを導入しよう

❺「デモアカウントを追加」(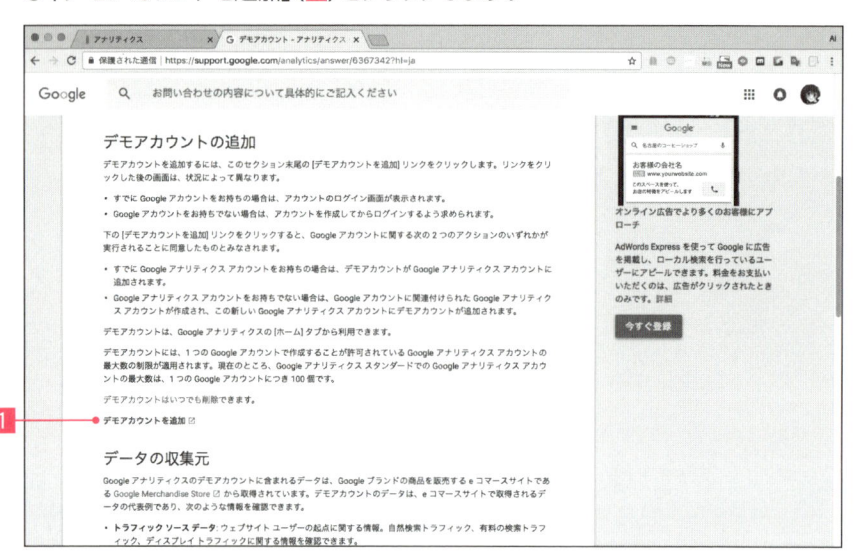)をクリックします。

❻ Googleアナリティクスのレポートが表示されれば、登録完了です。今後は、「https://analytics.google.com/」にアクセスすれば、いつでもデモアカウントのレポートが閲覧できます。

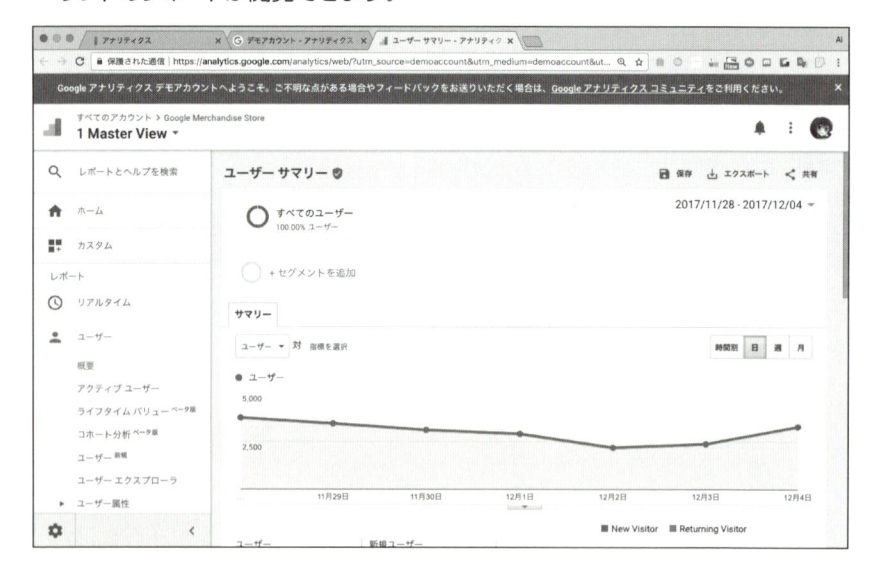

　デモアカウントのみを利用する場合は、以上で登録作業は終わりです。99ページまで読み飛ばしていただいて構いません。

🖋 手順B：自分のWebサイトを持っている場合

　自分のWebサイトを持っている場合は、Googleアナリティクスに登録してトラッキングIDを取得しましょう。次のように操作します。

❶ Googleアナリティクス（https://www.google.com/analytics/）にアクセスしましょう。

❷ [ログイン]（■1）をクリックし、表示されるメニューから[Googleアナリティクス]（■2）を選択します。その後、Googleアカウントのログイン画面が開くのでログインします。

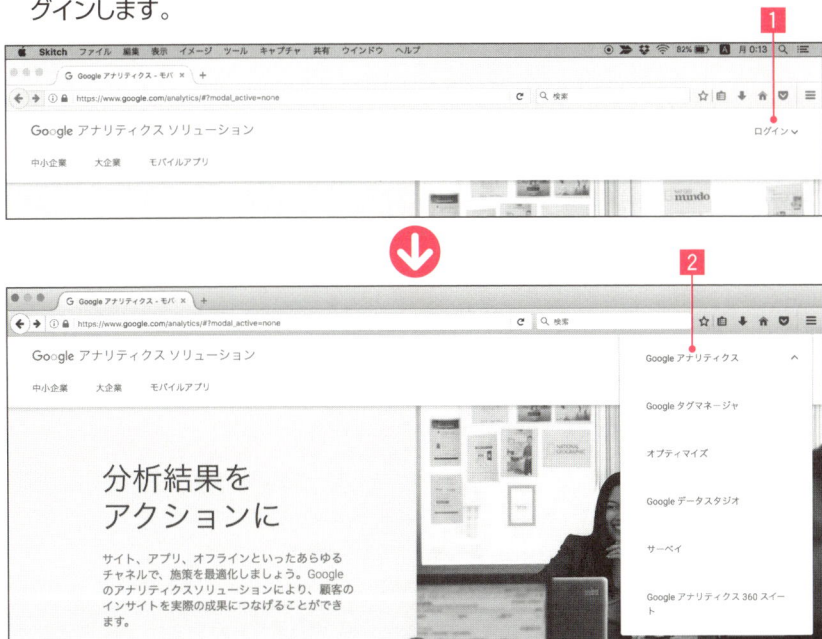

❸ [お申し込み]ボタン(**1**)をクリックします。

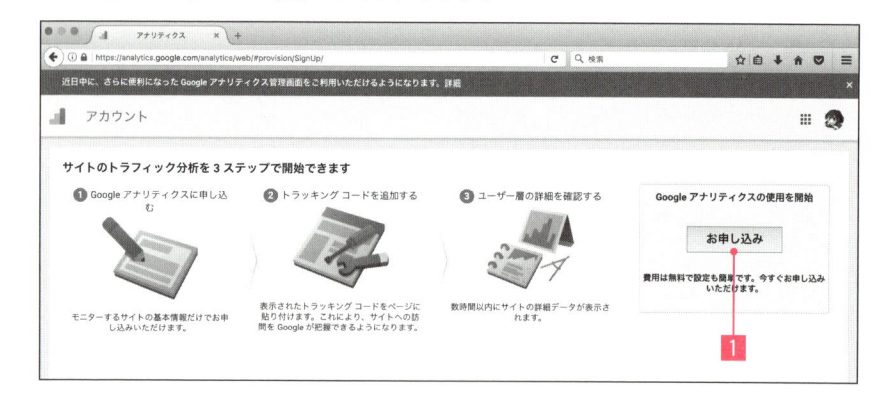

❹ 「新しいアカウント」作成画面になります。それぞれ下表のように入力、選択しましょう(**1**)。なお、[アカウント名]と[ウェブサイト名]は自由に名付けることができます。今後アクセス解析するサイトが増えたときに判別できるよう、わかりやすい名前をつけるとよいでしょう。

項目	説明
[アカウント名]	任意のアカウント名を入力する
[ウェブサイト名]	任意のウェブサイト名を入力する
[ウェブサイトのURL]	あなたのWebサイトのURLを貼り付ける
[業種]	選択肢から適切なものを選ぶ
[レポートのタイムゾーン]	「日本」を選択する

❺ [トラッキングIDを取得] ボタン (**1**) をクリックします。

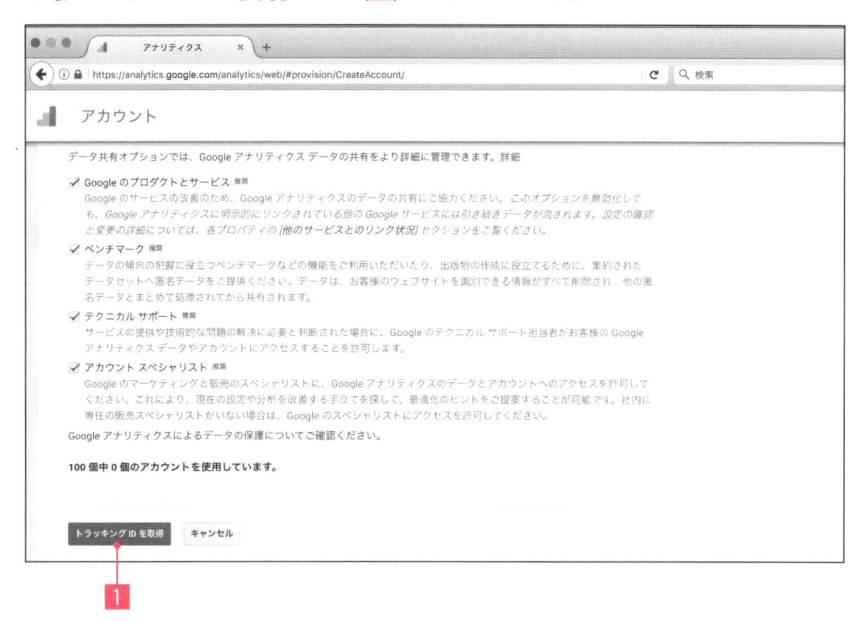

❻ Googleアナリティクスの利用規約が表示されます。利用規約を確認し、[同意する] ボタン (**1**) をクリックします。

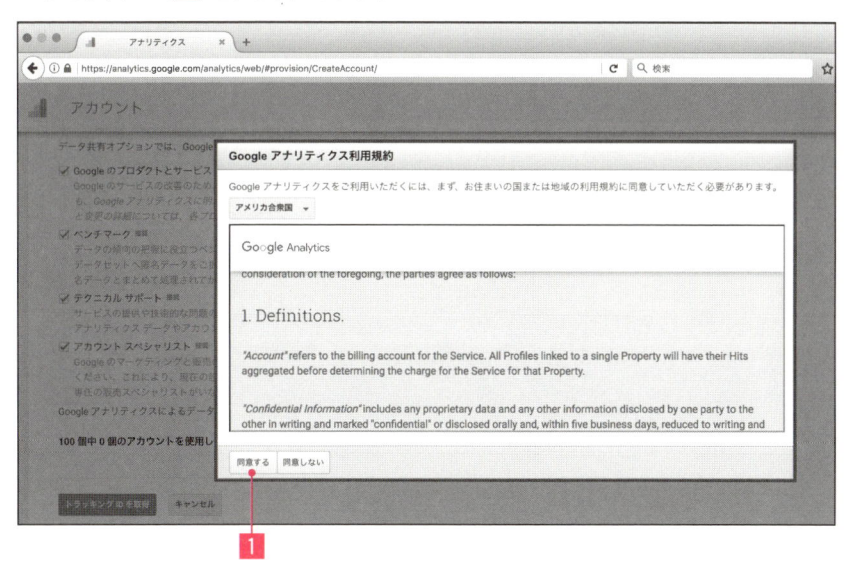

❼「トラッキングID」(**1**)がもらえます。

トラッキングIDは、「UA-XXXXXXXX-X」という形式の英数字です。

トラッキングとは英語で「追跡」という意味です。その名の通り、GoogleアナリティクスがあなたのWebサイトのアクセスを追跡・計測するための目印になります。

この「UA-」から始まる**トラッキングID**は、次のセクションで使う大事なものだよ。このページを開いたままにして、次に進んでね。

GoogleタグマネージャのコードをWebサイトに貼り付けよう

Googleタグマネージャって何?

Googleタグマネージャは、その名の通り計測用のタグをまとめて管理できるツールです。

また新しいツール?

まぁ、メリットがわからないと使う気になれないよな。どんないいことがあるのか、タグマネージャがないとき・あるときを比べてみよう。

▼タグマネージャを使っていないと

- バラバラで管理が大変
- 新しい計測コードをWebサイトに埋め込んでもらうには、その都度、プログラマに頼む必要がある
- 現在使われているのかどうか怪しい計測用コードが溜まっていく

▼タグマネージャを使うと

- Webサイトに埋め込むのは、**タグマネージャの計測用コードひとつでOK**
- ブラウザ上で操作できるから、**ノンプログラマでも使える**
- クリックで簡単に追加・削除ができるから、メンテナンスしやすく、**古いコードが残り続けることがない**

 Googleタグマネージャを使うことで、次のようないろんな種類のタグを、ブラウザ上からまとめて管理できるんだ。

- Googleアナリティクスタグ
- Web広告のリターゲティングタグ
- Web広告のコンバージョンタグ
- FacebookやTwitterで使用するJavaScriptタグ

 わぁー！　こりゃ、Googleタグマネージャを使った方が断然ラクチンだわ！

縦書き左マージン：
2　Googleアナリティクス・Googleタグマネージャを導入しよう

Googleタグマネージャの使い方

今からやることは次の4ステップです。

❶ Googleタグマネージャに登録する。

❷ あなたのWebサイトに、コンテナスニペット（計測用コード）を埋め込む。

❸ Googleタグマネージャの画面で、タグの設定をする。

❹ プレビューし、問題なければ公開する。

さっそくやってみましょう。

◆ ステップ①　Googleタグマネージャに登録しよう

まずは次のように操作してGoogleタグマネージャに登録しましょう。

❶ Googleタグマネージャ（下記のURL）にアクセスします。

> **URL** https://www.google.com/intl/ja/analytics/tag-manager/

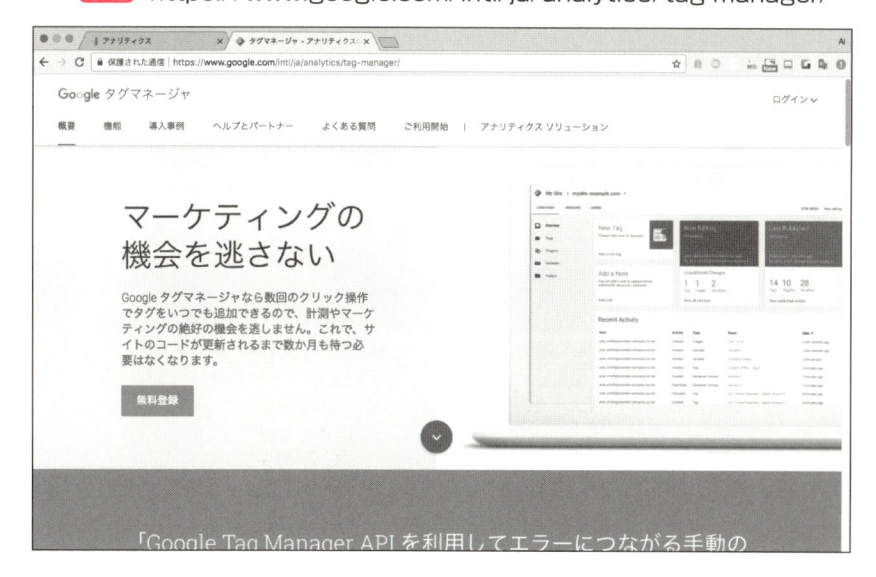

2

Googleアナリティクス・Googleタグマネージャを導入しよう

❷ ［ログイン］（**1**）をクリックし、表示されるメニューから［Googleタグマネージャ］（**2**）をクリックします。

❸ 「新しいアカウントを追加」画面になります。任意のアカウント名（会社名・プロジェクト名など）を入力（**1**）し、［続行］ボタン（**2**）をクリックします。

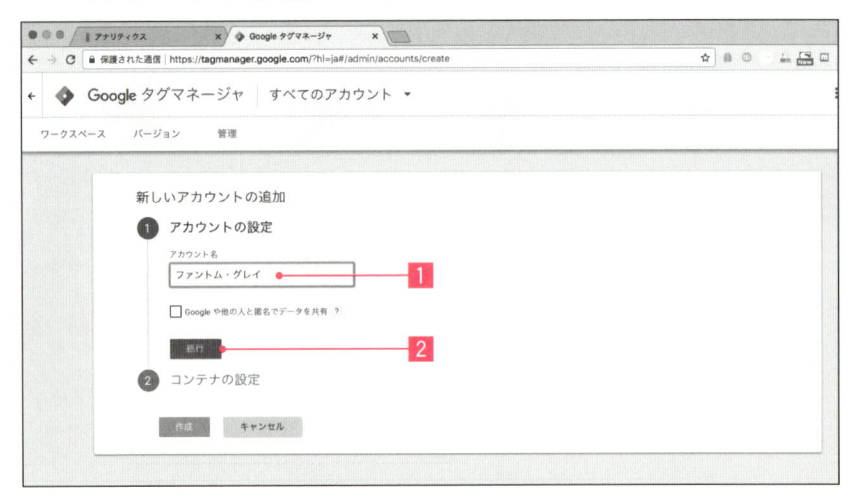

❹ コンテナ名（コンテナ名の例 :example.com）を入力（**1**）し、［作成］ボタン（**2**）をクリックします。コンテナとは、タグを管理するための箱です。1つのWebサイトごとに1つのコンテナを作ります。

❺ 利用規約が表示されます。内容を確認し、［はい］ボタン（**1**）をクリックします。

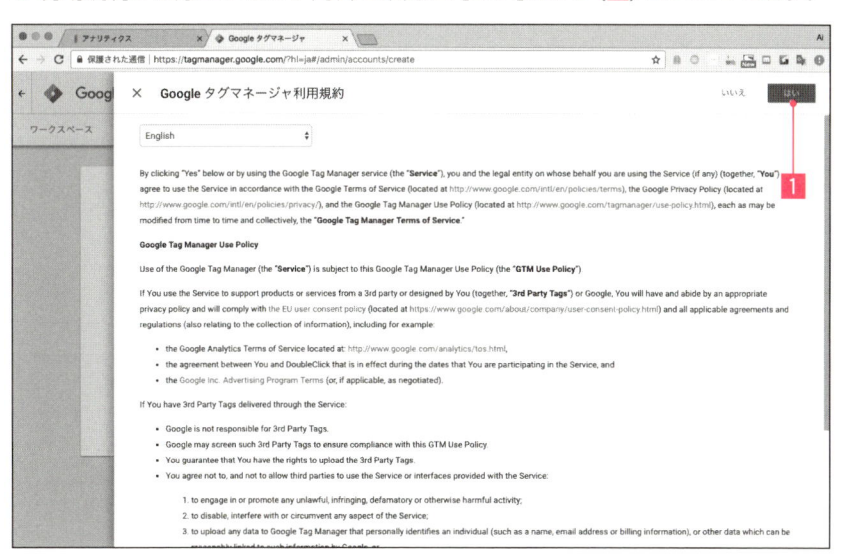

◆ ステップ②　あなたのWebサイトに、コンテナスニペットを埋め込もう

　コンテナを作ると、Googleタグマネージャ用のコードがもらえます。これをコンテナスニペットと呼びます。コンテナスニペットをWebサイトに埋め込むことで、GoogleタグマネージャがあなたのWebサイトを識別します。

　このコンテナスニペットを、あなたのWebサイトの**すべてのページ**に貼り付けてください。

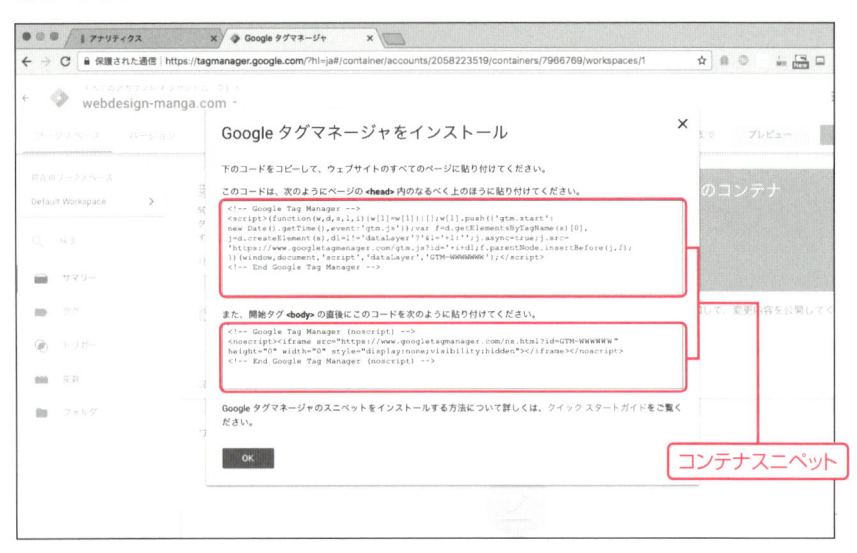

▼ページの<head>～</head>内のなるべく上のほうに貼り付けるコード

```
<!-- Google Tag Manager -->
<script>(function(w,d,s,l,i){w[l]=w[l]||[];w[l].push({'gtm.start':
new Date().getTime(),event:'gtm.js'});var f=d.getElementsByTagName(s)[0],
j=d.createElement(s),dl=l!='dataLayer'?'&l='+l:'';j.async=true;j.src=
'https://www.googletagmanager.com/gtm.js?id='+i+dl;f.parentNode.insertBefore(j,f);
})(window,document,'script','dataLayer','GTM-XXXXXXX');</script>
<!-- End Google Tag Manager -->
```

▼開始タグ<body>の直後に貼り付けるコード

```
<!-- Google Tag Manager (noscript) -->
<noscript><iframe src="https://www.googletagmanager.com/ns.html?id=GTM-XXXXXXX"
height="0" width="0" style="display:none;visibility:hidden"></iframe></noscript>
<!-- End Google Tag Manager (noscript) -->
```

「GTM-XXXXXXX」の部分には、固有の英数字が入るよ。**画面に表示されたコードをそのまま**コピー&ペーストしてね。HTMLがわからない場合は、エンジニアにお願いしてWebサイトに埋め込んでもらってね。

貼り付け終わったら、[OK]ボタンをクリックします。

◆ ステップ③　Googleタグマネージャの画面で、タグの設定をしよう

　次のステップではGoogleアナリティクスを紐付けるために、新規タグを追加します。次のように操作します。

❶ [OK]ボタンをクリックした後、次のようなページが表示されます。これが、先ほどあなたが作ったコンテナのワークスペースです。

❷ [新しいタグを追加]（**1**）をクリックします。

❸ [新規]ボタン(**1**)をクリックします。

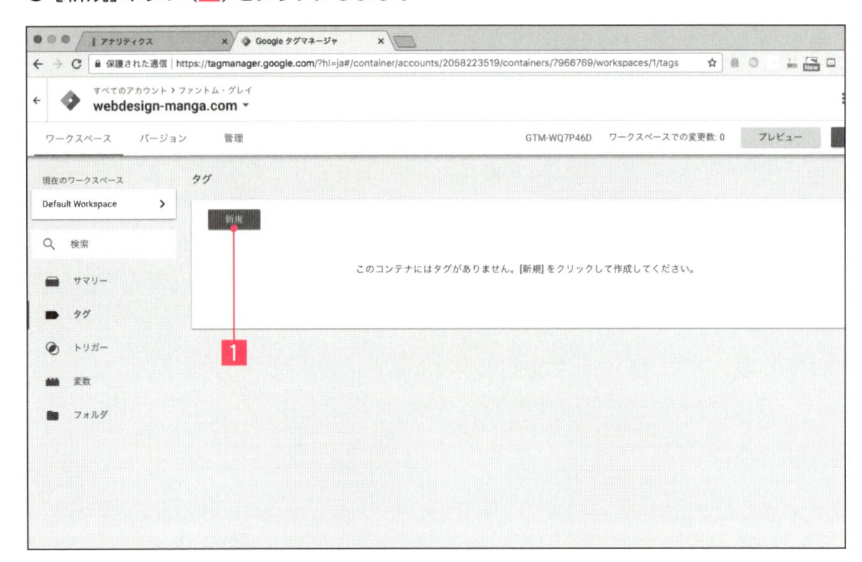

❹ タグを見分けやすくするために、名前をつけましょう。画面左上の「名前のない タグ」となっているところを「Googleアナリティクスタグ」に書き換えます(**1**)。 その後、画面中央の[タグタイプを選択して設定を開始](**2**)をクリックし、[ユ ニバーサルアナリティクス](**3**)を選択します。

❺ まず、「トラッキングタイプ」は［ページビュー］を選択します（**1**）。次に、Google
アナリティクスのトラッキングIDを設定する必要があります。「Googleアナリ
ティクスを設定」欄のリストから［新しい変数］を選択します（**2**）。

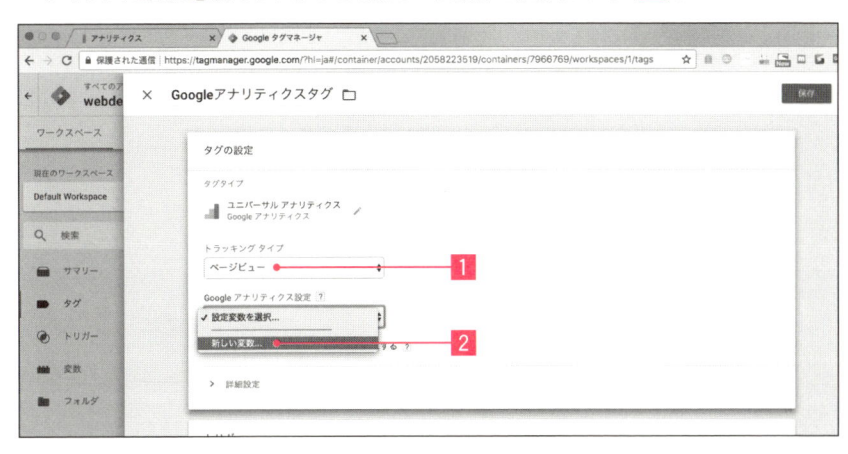

❻ ここで、先ほど開いたままにしておいたGoogleアナリティクスの画面を見てく
ださい。「UA-XXXXXXXX-X」というのがあなたのトラッキングID（**1**）です。
これをコピーします。

※Googleアナリティクスの画面を閉じてしまい、トラッキングIDがわからなくなった場合は、
Googleアナリティクスの画面を開き、左下の歯車のマークの［管理］アイコン→プロパ
ティの中の［トラッキング情報］→［トラッキングコード］の順にクリックすれば、トラッキング
IDが表示されます。

2

Googleアナリティクス・Googleタグマネージャを導入しよう

❼ Googleタグマネージャの画面に戻り、コピーしてきたトラッキングIDを貼り付けます（**1**）。「Cookieドメイン」の欄は[auto]のままにし（**2**）、[保存]ボタン（**3**）をクリックします。

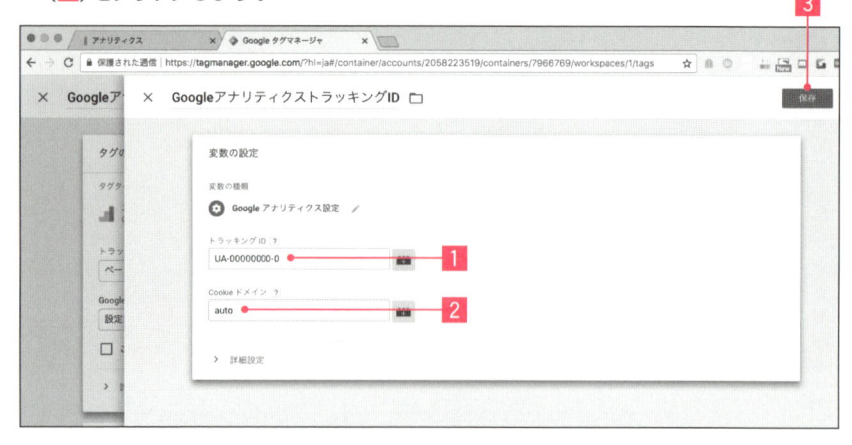

❽ するとGoogleアナリティクスタグの設定画面に戻ってきます。

こでれ「タグ」の設定が完了しました。

次に「トリガー」の設定をしましょう。トリガーとは、タグを発火させるための条件のことです。次のように、どんなときにそのタグを発動させるのか指定できます。

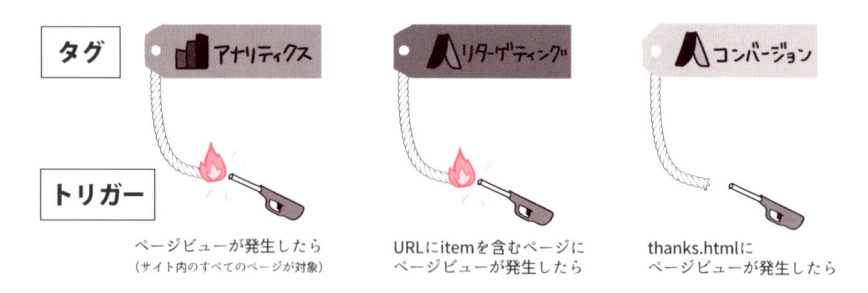

タグ	アナリティクス	リターゲティング	コンバージョン
トリガー			
ページビューが発生したら（サイト内のすべてのページが対象）	URLにitemを含むページにページビューが発生したら	thanks.htmlにページビューが発生したら

上の図は/itemlist.htmlをユーザーが閲覧したときの様子です。

アナリティクスタグとリマーケティングタグは発動していますが、コンバージョンタグは発動していませんね。なぜでしょうか？　理由は簡単。コンバージョンタグのトリガーが「thanks.htmlにページビューが発生したら」という条件に設定してあるからです。

　このように、タグとトリガーを組み合わせることで、タグの発火条件を自由自在に設定できるのです。

　今回、設定するのはアナリティクスタグだけですから、それに対応するトリガーを1つ設定すればいいですね。

　次のように操作してトリガーを設定しましょう。

❶ [トリガーを選択してこのタグを配信] (■)をクリックします。

❷ 今回登録する「Googleアナリティクスタグ」は、アクセスを計測するためのタグですから、どのページでも発火させたいですよね。よって、[All Pages]をクリックして選択します(■)。

❸「タグ」と「トリガー」の欄が、どちらも埋まりましたね！ ［保存］ボタン（**1**）をクリックします。

❹ タグが登録されました！

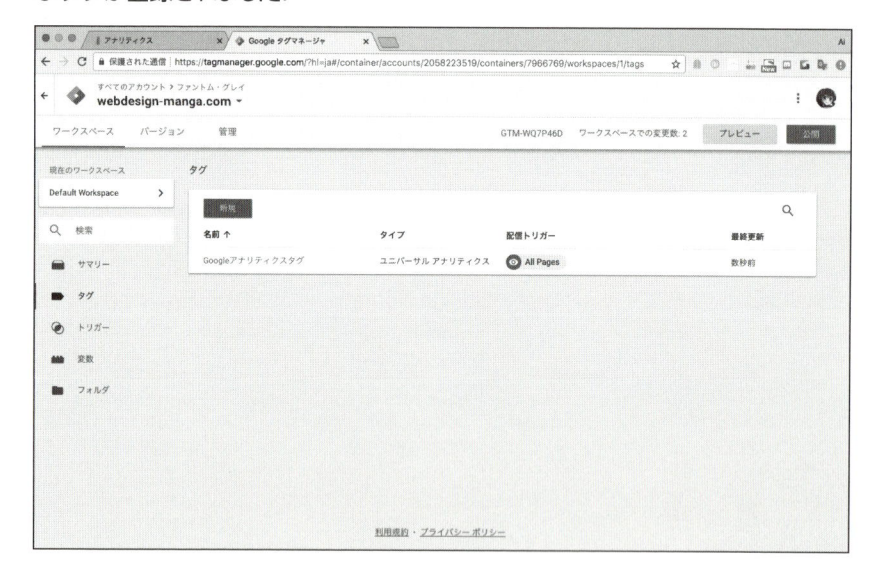

これだけでは、まだタグを登録しただけで、タグが動作しているわけではありません。

タグを動作させるために、次のステップ④に進みましょう。

◆ ステップ④　プレビューし、問題なければ公開しよう

　タグの登録が終わったら、プレビューで確認し、問題なければ公開します。
次のように操作しましょう。

❶ 画面右上の［プレビュー］ボタン（**1**）をクリックすると、プレビューモードに移り
　ます。

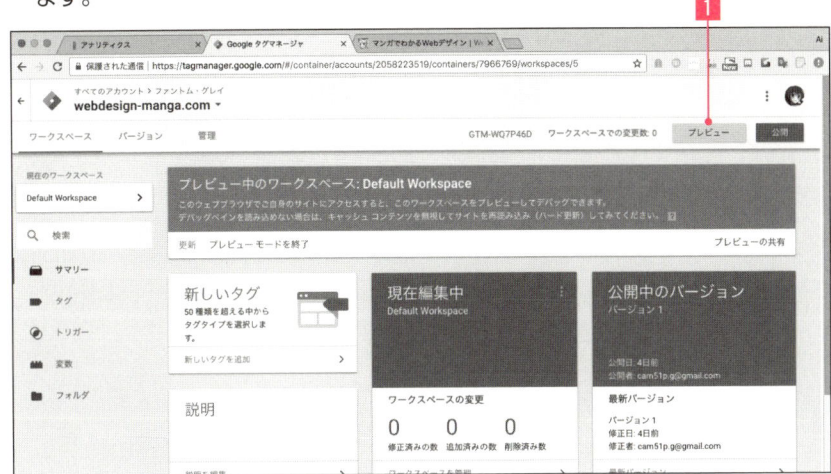

❷ 同じGoogleアカウントでログインしているWebブラウザ上で、先ほどコンテナ
　スニペットを設置したサイトにアクセスすると、次のようにタグの稼働状態が表
　示されます。

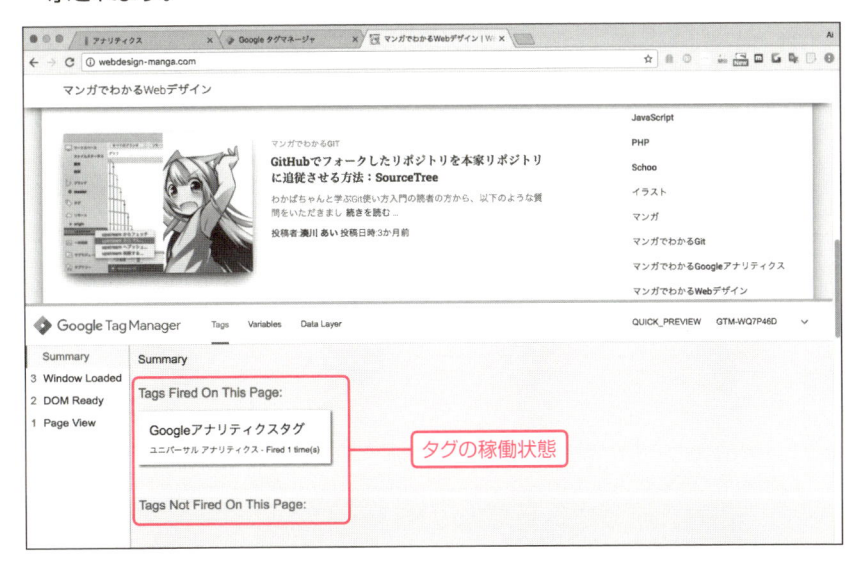

「Tags Fired On This Page」と「Tags Not Fired On This Page」の意味はそれぞれ次のようになります。

- **Tags Fired On This Page** ………… このページで発火したタグ
- **Tags Not Fired On This Page** … このページでは発火していないタグ

「Tags Fired On This Page」の部分に、先ほど作成した「Googleアナリティクスタグ」が表示されているはずです。

それもそのはず、先ほど、Googleアナリティクスタグのトリガーを[All Pages]に設定しましたよね。だから、どのページを開いても「Googleアナリティクスタグ」が発火するわけです。

もし、発火していない場合は、タグとトリガーの設定が間違っていないか確認し、修正しましょう。

プレビューして問題なければ、次のように操作して公開しましょう。

❶ 画面右上の[公開]ボタン（**1**）をクリックします。

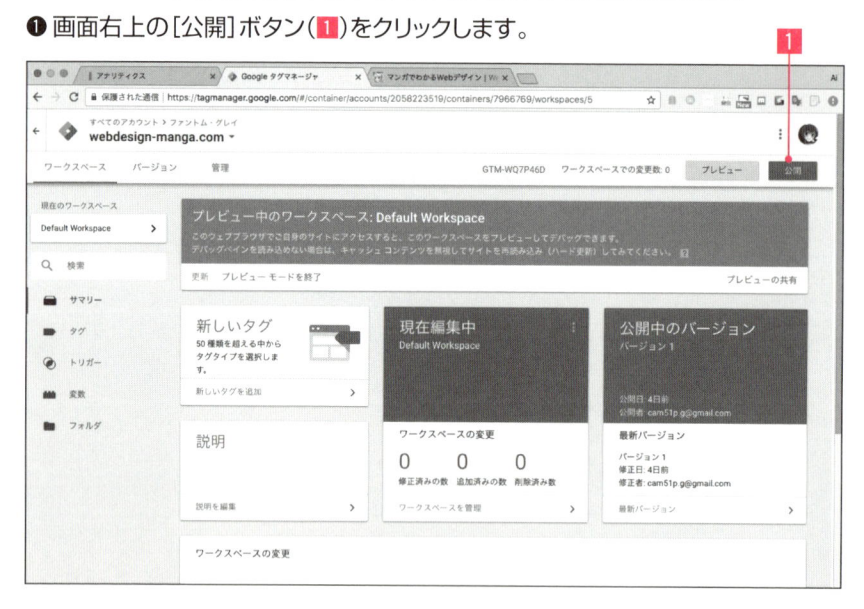

❷ [バージョン名]（**1**）と[バージョンの説明]（**2**）を入力し、[公開]ボタン（**3**）をクリックします。

❸ おめでとうございます！　あなたの変更が反映され、バージョンが作られました。

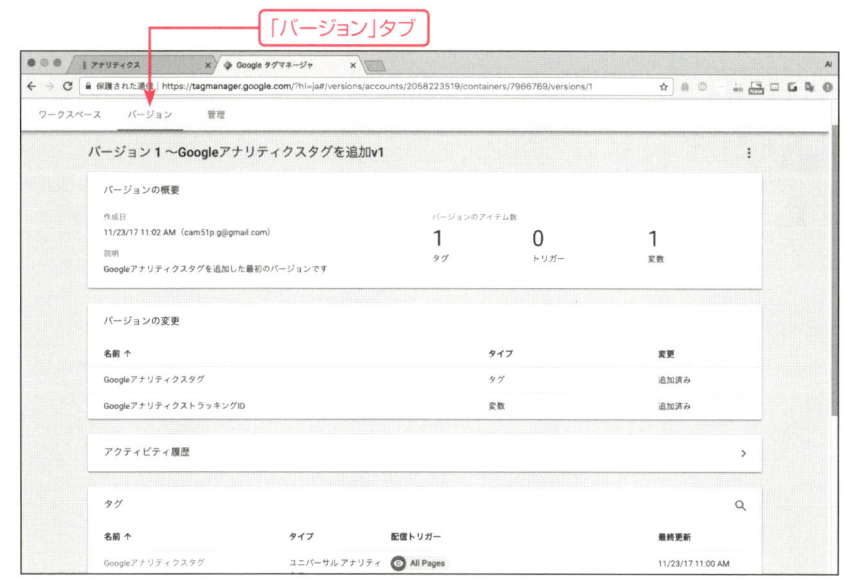

作ったバージョンはいつでも、上部メニューの「バージョン」タブから閲覧できます。

アクセスが計測されているか確認しよう

　Googleタグマネージャの設定が完了したら、Googleアナリティクスからアクセスが計測されているか確認してみましょう。

　自分のWebサイトにアクセスし、Googleアナリティクスの左サイドバーにあるメニューから[リアルタイム]→[概要]をクリックします。

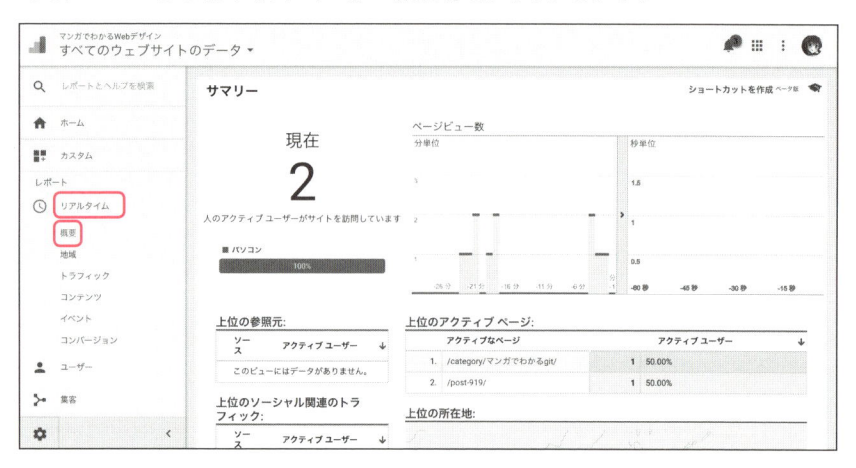

　このようにユーザー数が表示されていれば、Googleタグマネージャ・Googleアナリティクスの設定完了です。

 導入してすぐは、まだアクセスデータを取得できていないことがあるよ。その場合は少し時間をおいてから見てみてね。

設定完了☆
やったね!!

COLUMN 効率的な設置方法いろいろ

全ページに1つひとつコンテナスニペットを書き込んでいくのは、さすがにめんどくさすぎません?

いいところに気がついたね。次のような方法があるから、試してみるといいよ。

◆A：外部ファイルにして読み込む方法

　新規でJavaScriptファイルを1つ作り（例:gtm.js）、内容はコンテナスニペットのみにします。それを呼び出すことで、今後、仕様変更でコンテナスニペットが変更されても、1つのファイルを修正するだけで済みます。

◆B：WordPressなどのCMSにGoogleアナリティクスを設置する方法

　テンプレートファイルにコンテナスニペットを直接貼り付けるのが、簡単で確実な方法です。プラグインを使って設置するのもいいですが、そのプラグイン自体がGoogleのアップデートに対応しているかも合わせて確認しましょう。

◆C：動的コンテンツにインクルードする方法

　動的コンテンツの場合は、共通のインクルードファイルにコンテナスニペットを貼り付けます。フレームワークによっては、簡単に実装ができるパッケージが公開されているのでそういったものを使うのも手です（例：Ruby on Railsの場合は「google-analytics-rails」というgemを使う、など）。

1つのファイルを編集するだけで全ページに反映されるなんて、楽ちんだね!

COLUMN 間違えても大丈夫! Googleタグマネージャはバージョン管理機能付き

　Googleタグマネージャでは、公開ボタンをクリックして内容を反映するたび、**バージョン**が作られます。画面上部のメニューバーから「バージョン」タブをクリックすると、過去の更新内容がズラリ。

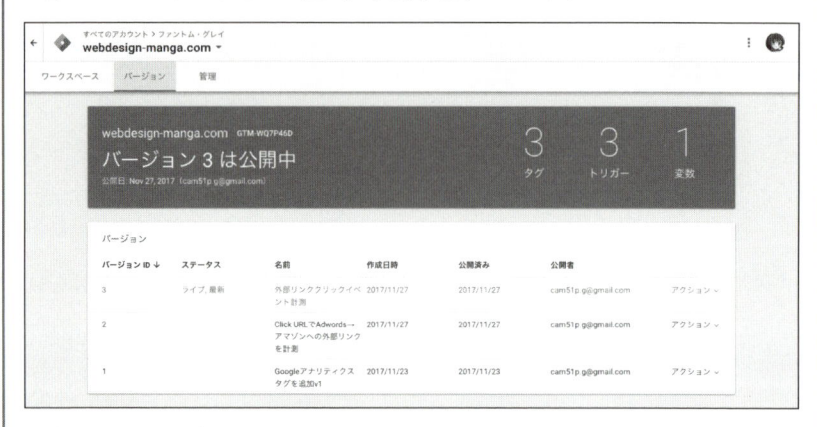

　「公開したタグが間違っていた!　過去のバージョンに戻したい」なんてときに、簡単に昔のバージョンに戻すことができます。

◆過去に戻す方法

　過去の状態に戻す方法は簡単。戻したいバージョンの右にある[アクション]をクリックし、[最新バージョンに設定]をクリックするだけです。

これなら、間違えたときも安心だね。

88

意外と盲点！　自分自身の
アクセスを除外する方法

🖊 自分自身のアクセスを除外しよう

　Googleアナリティクスは、送られてくるすべてのデータを記録していきます。つまり、そのままだと自分自身のアクセスも計測されてしまうのです。

　「先週に比べてページビュー数が増えた！　……よく見ると、ほとんどが自分自身のアクセスだった」とならないために、自分自身のアクセスを除外する設定をしておきましょう。

　この本ではIPアドレスで除外する方法を紹介します。

IPアドレスというのは、ネットワーク上の端末（PC・スマホなど）を識別するために割り当てられている番号だよ。

「198.51.100.0」みたいな番号ですよね。見たことある！　でも自分のパソコンのIPアドレスはわからないや。

じゃあまず、IPアドレスの調べ方を教えるね。

◆ IPアドレスの調べ方

「http://ipecho.net/」にアクセスすると、自分のIPアドレスがわかります。

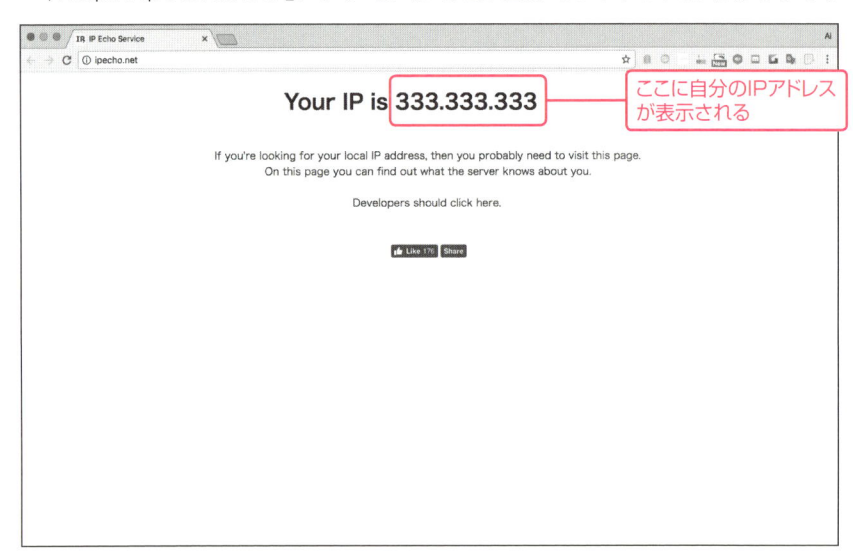

◆ Googleアナリティクスで除外設定をしよう

IPアドレスがわかったところで、Googleアナリティクスでの作業に移りましょう。

❶ 画面左下の、歯車のマークの[管理]アイコン（**1**）をクリックします。「アカウント」の列から、[すべてのフィルタ]（**2**）をクリックします。

❷ [フィルタを追加]ボタン（**1**）をクリックします。

❸ [フィルタ名]を入力します（**1**）。あとで見たときにわかりやすい名前をつけましょう。ドロップダウンリストから[除外]、[IPアドレスからのトラフィック]、[等しい]の順に選択し（**2**）、自分のIPアドレスを入力します（**3**）。[使用可能なビュー]の欄から、フィルタを適用したいビュー（今回は「すべてのウェブサイトのデータ」）を選んで[追加]ボタン（**4**）をクリックします。

❹ 最後に[保存]ボタン（**1**）をクリックします。

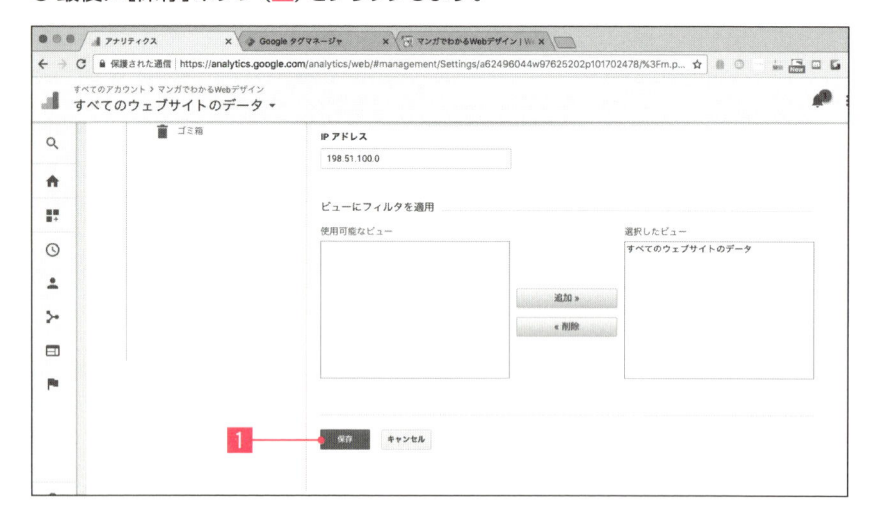

これで、自分のアクセスを除外することができました。

目標を設定しよう

さて一番大切な"目標"の設定をしようか。目標をメモした紙は持っているかな?

はい、このメモですね。

▼目標とする数値のメモ

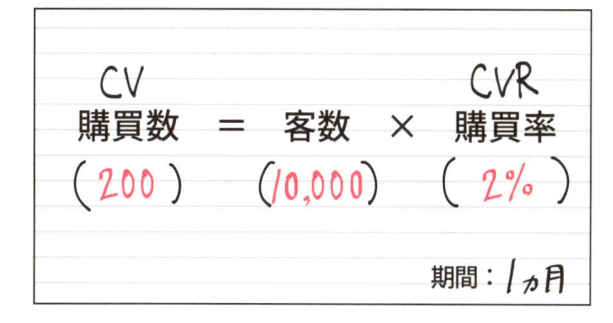

CV
購買数 ＝ 客数 × 購買率
（ 200 ） （10,000） （ 2% ）

期間：1ヵ月

この紙で言うと、コンバージョン（CV）の部分を、Googleアナリティクスに"目標"として登録する。

えーと、コンバージョンって何でしたっけ?

コンバージョンというのは、35ページで学んだように「目的が達成された瞬間」のことだよ。今回は**購買された瞬間**がコンバージョンだな。であれば、どうやって記録すればいいと思う?

う〜ん。注文受注メールを数えればいいんじゃないですか?

それ本当に手作業でやるの？　めんどくさいし絶対途中でしなくなるよ。それに多分ミスるよ。1週間単位ならまだしも、1カ月単位とか、1年単位で見たいときどうすんの？　社内の他のメンバーがいつでも同じデータを見られないのは厳しいよね？

散々な言われようだ……。

そういう面倒なことはGoogleアナリティクスで一元管理するといいよ。やることは簡単。購入完了ページのURLを目標として登録すればいいんだ。すると、購入完了ページをユーザーが閲覧すれば「1コンバージョン」となる。目標を設定しておけば、次のような結果が具体的にわかるようになるよ。

- コンバージョン率（目標達成率）
- どのページを経由してコンバージョンに至ったか・至らなかったか

📝 目標を設定してはじめて、Webサイトを評価できる

　さぁ、一番大切な目標の登録をしましょう。目標が設定されることではじめて、Googleアナリティクスは真価を発揮します。

◆ ユーザーにとってもらいたい行動を考える

　Webサイトの目的によってユーザーにとってもらいたい行動があるはずです。たとえば次の通りです。

- ECサイトなら………………………… 購入完了画面まで到達してもらいたい
- 企業の申し込みサイトなら……… 問い合わせ完了画面まで到達してもらいたい
- 飲食店や理髪店なら…………… 電話番号をタップして予約してもらいたい
- アフィリエイトサイトなら……… アフィリエイトリンクをクリックしてもらいたい

　こうしたユーザーの行動を「目標」として設定することで、次のことがわかるようになるのです。

- 目標達成度
- どのページを経由してコンバージョンに至ったか・至らなかったか

✍目標の設定方法

それでは次のように操作して、目標を設定しましょう。

❶ Googleアナリティクスを開き、左下の歯車のマークの[管理]アイコン(**1**)を
クリックします。「ビュー」の列から、[目標](**2**)をクリックします。

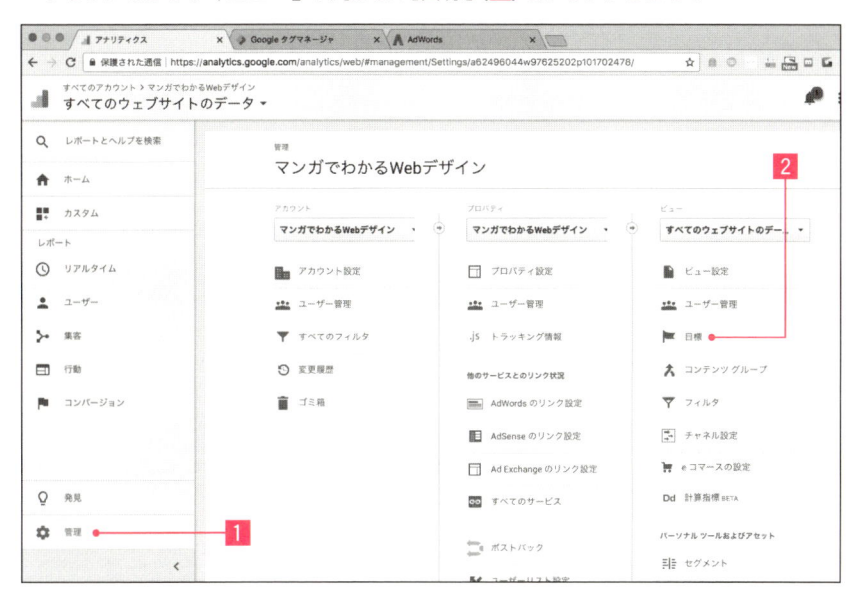

❷ [新しい目標]ボタン(**1**)をクリックします。

❸ 目標設定画面になります。用意されているテンプレートから選ぶか、自分でカスタムするかを選べます。今回は例として、テンプレートの「商品購入」を使います。[テンプレート]（**1**）をONにし、[商品購入]（**2**）をONにします。[続行]ボタンをクリックします。

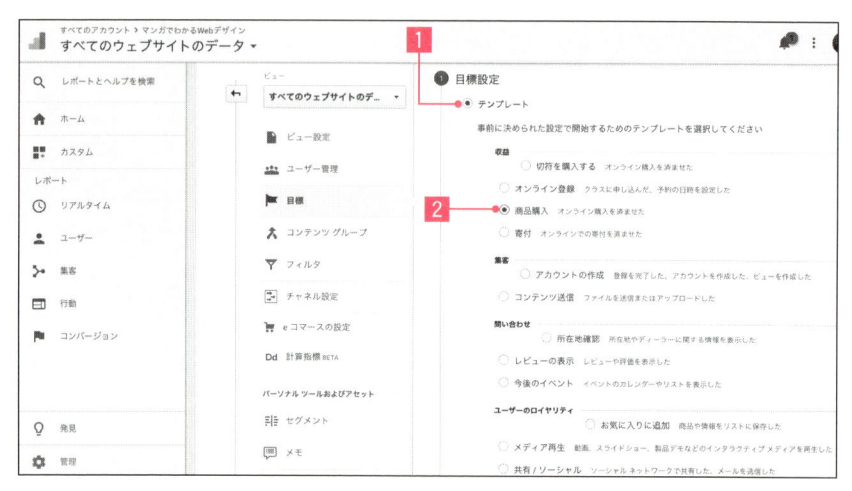

❹ 目標の説明を入力します。[名前]欄（**1**）では、「今後、アナリティクス上で、今から設定する目標のことをどう呼ぶか」を指定します。[タイプ]欄（**2**）では、何が起きた時にコンバージョンとするかを設定します。今回は例として、名前を「商品購入」、タイプを「到達ページ」とします。[続行]ボタン（**3**）をクリックします。

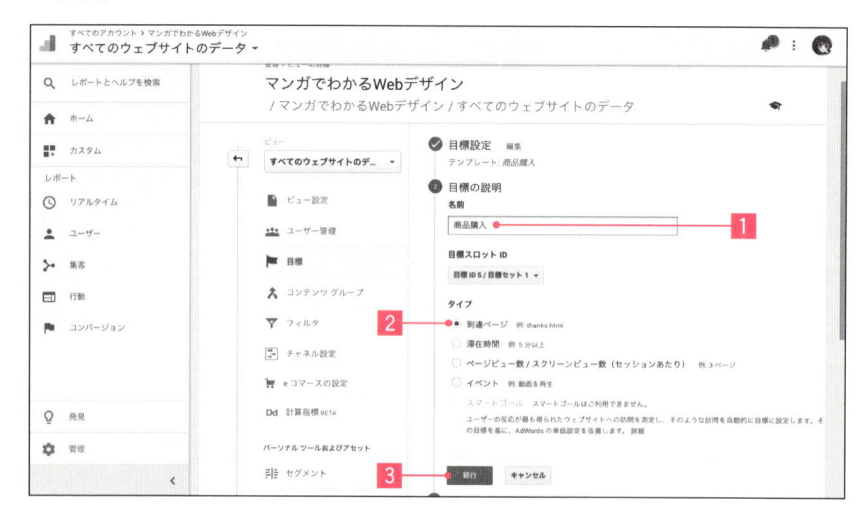

❺ 目標の詳細を入力します。今回は例として、[到達ページ]欄を「等しい」、「/thanks.html」とします()。[保存]ボタン()をクリックします。

URLの欄は、絶対パスではなく**相対パス**で書けばいいんですね。

URLを正しく指定できているか不安な場合は、[行動]→[サイトコンテンツ]→[すべてのページ]を確認して、ここの表記に従うと確実だよ。

※「絶対パス・相対パスって何?」という方は、書籍『わかばちゃんと学ぶ Webサイト制作の基本』の89ページをご参照ください。

❻ おめでとうございます！　たったこれだけの操作で、目標が登録されました!

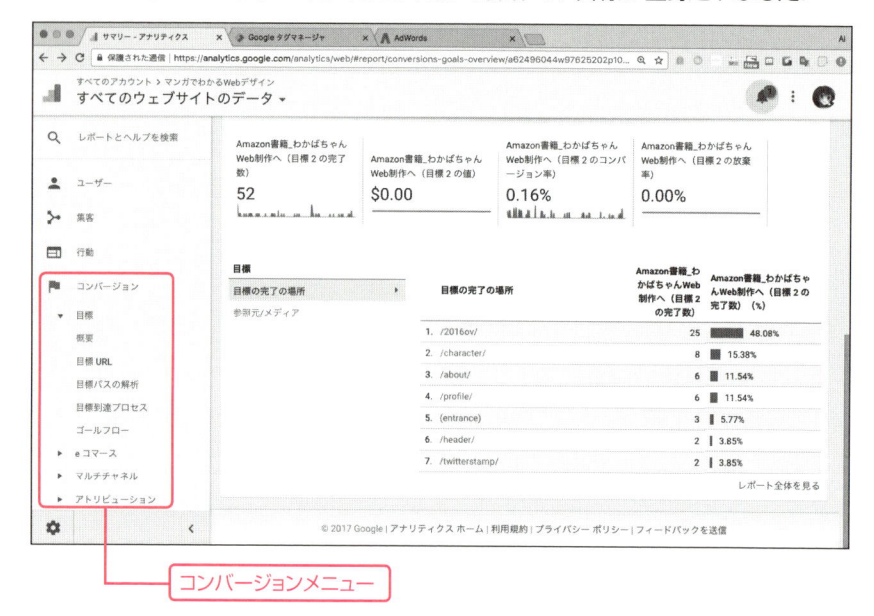

これで、コンバージョンメニューが使えるようになり、目標まで到達したユーザーとそうでないユーザーの行動に、どのような違いがあるか詳しく分析できるようになりました。

まずはレポートをながめて
遊んでみよう

まずはレポートを見て回ろう

基本的な設定が終わったところで、まずはレポートをながめて遊んでみましょう。

Googleアナリティクスは、普通にクリックしていく分には、エラーになったりデータが消えたりという事態にはなりません。安心していろいろな分析ページを見回ってみましょう。

ユーザー属性を見てみる

あなたのサイトに来ているユーザーは、どれくらいの年齢で、どれくらいの男女比でしょうか?

メニューから[ユーザー]→[ユーザー属性]→[概要]の順にクリックします。すると、年齢別の割合・男女比が表示されます。

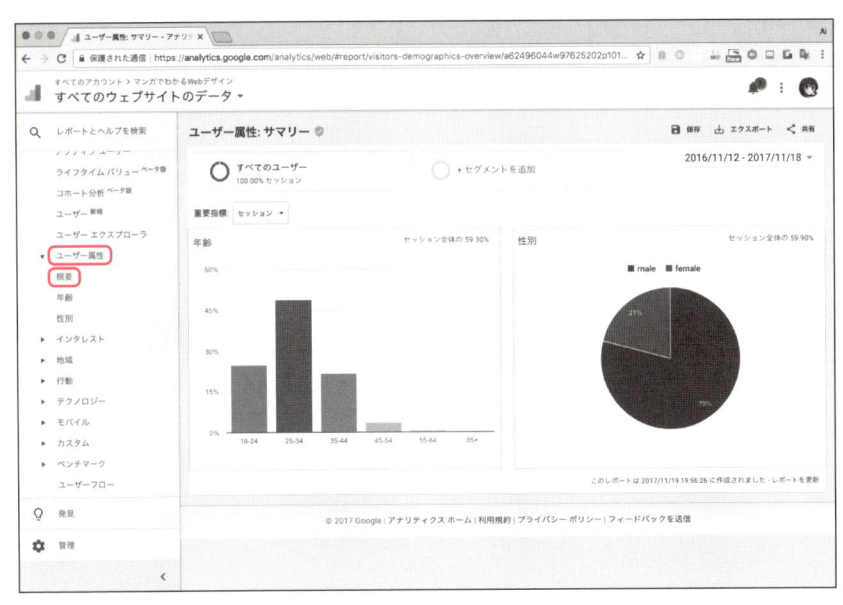

集計期間は、右上の日付をクリックすれば自由に設定できます。

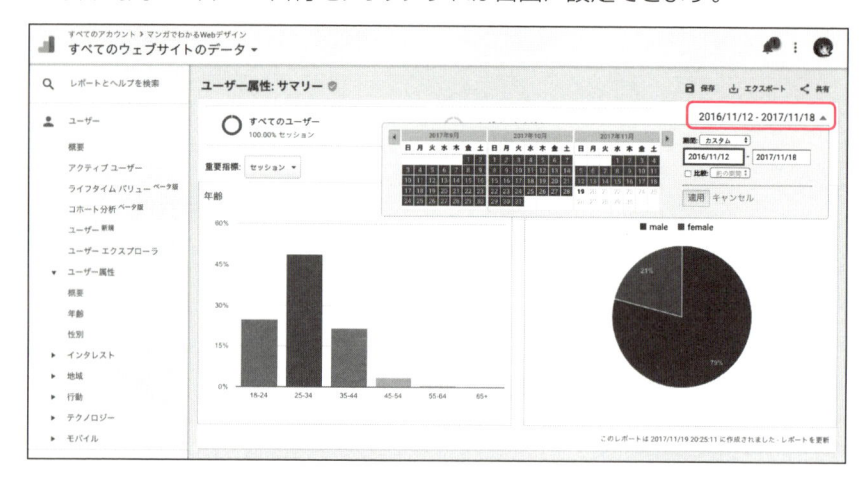

ユーザーがどこから来たかを見てみる

ユーザーがどこから来たかを見てみるには、メニューから[集客]→[すべてのトラフィック]→[参照元/メディア]の順にクリックします。

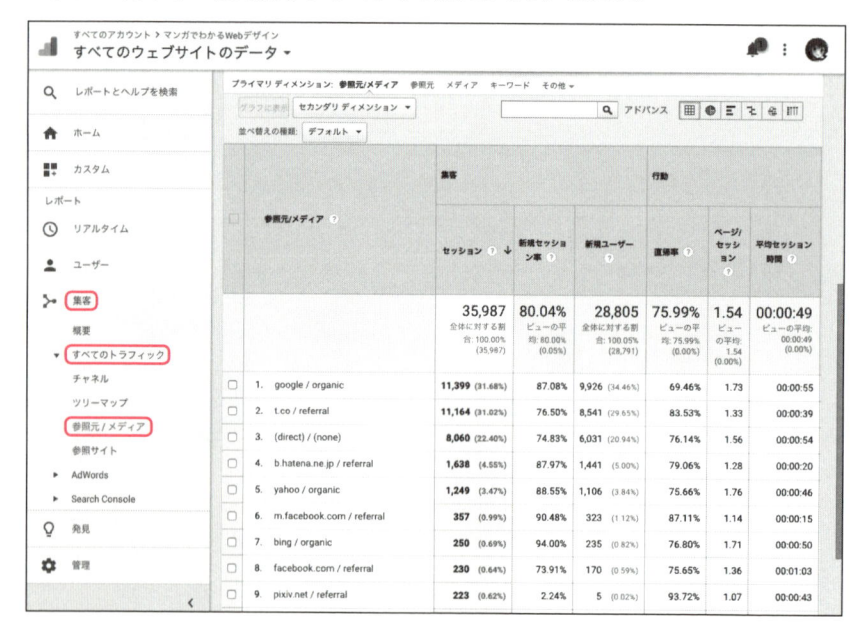

上の例だとGoogleやツイッター（t.co）、はてなブックマーク（b.hatena.ne.jp）からユーザーが流入してきているということがわかります。

ユーザーがどんな経路をたどったのかを見てみる

　ユーザーがサイトの中に入ってから、どんな経路をたどったのかをチェックすることもできます。

　メニューから[行動]→[行動フロー]の順にクリックします。

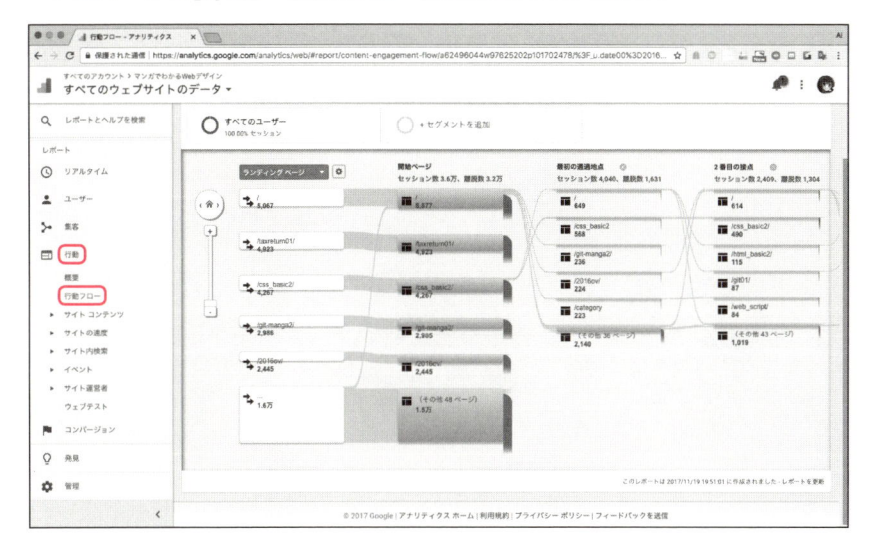

CHAPTER 3

基本的な単位・見方を知ろう

SECTION 12 「ページビュー数・セッション数・ユーザー数」って何が違うの？

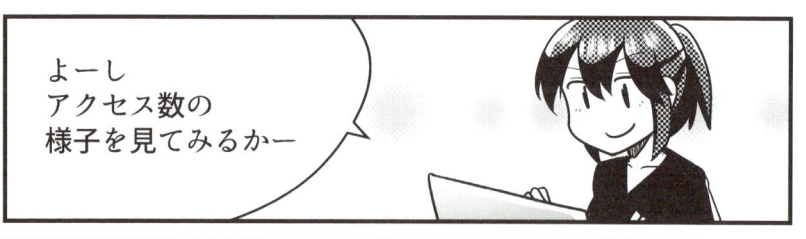

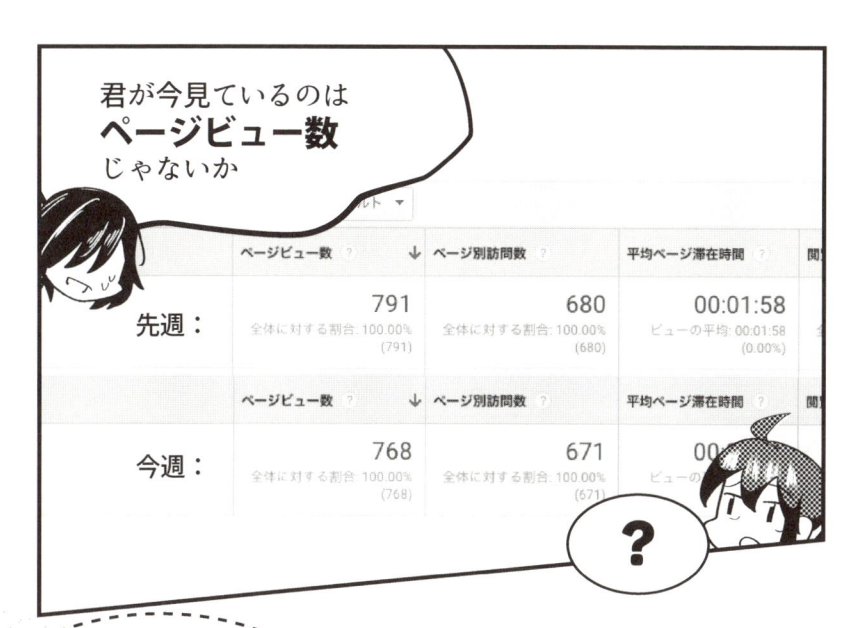

 ページビュー数・セッション数・ユーザー数の違い

 ページビュー数・セッション数・ユーザー数って何が違うんですか？

 最初はわかりづらいだろうな。絵で説明するとこうだ。

Aさんが、昼休みにあなたのWebサイトを見つけて2ページ閲覧しました。

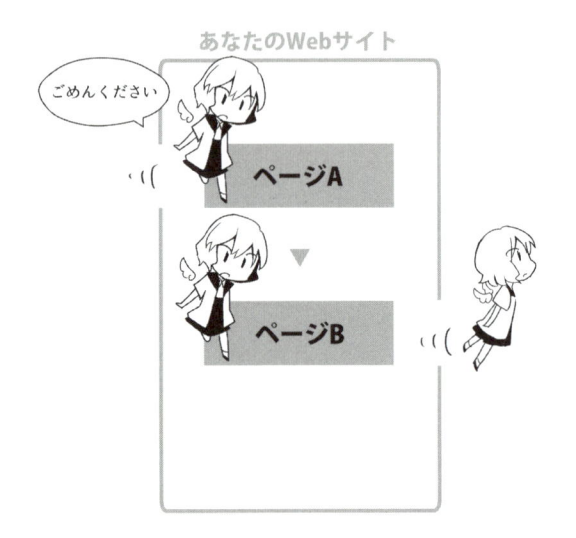

この行動をGoogleアナリティクスで計測すると、こうなります。

行動	計測
Aさんという人間1人が	1ユーザー
1度、ごめんくださいと訪問してきた	1セッション
合計2ページ表示した	2ページビュー

簡単ですね。

では次の場合はどう計測されるでしょう。

夜、家に帰ってから、Aさんはさっきの続きを読もうと思い、あなたのWebサイトに再訪問しました。

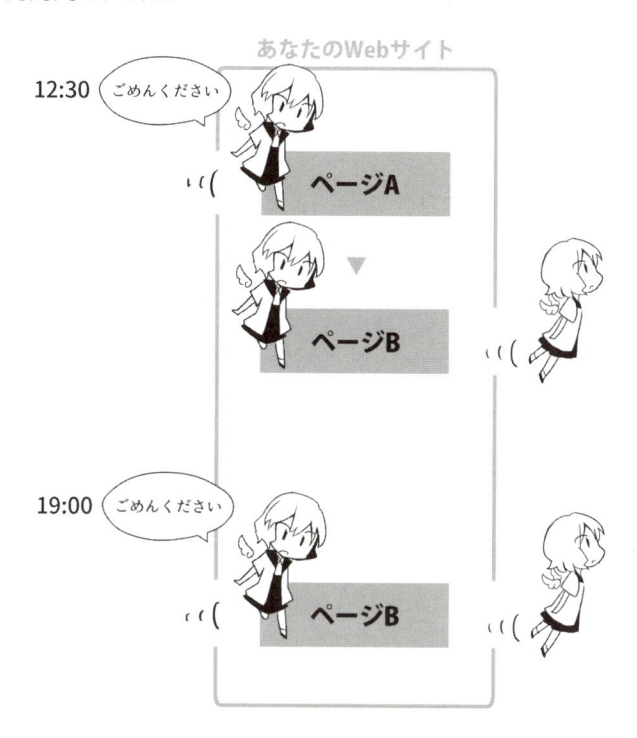

行動	計測
Aさんという人間1人が	1ユーザー
2度、ごめんくださいと訪問してきた	2セッション
合計3ページ表示した	3ページビュー

訪れたのはAさんという人間1人なので、ユーザー数は1として計測されます。

ここでセッション数に注目してみましょう。「ごめんください」の数＝セッション数だと考えるとわかりやすいでしょう。

Aさんは、昼に来た後、夜にも来ました。2度、「ごめんください」と言っています。よって、2セッションとしてカウントされるわけです。

セッション計測の仕組み

セッションの意味がわかったところで、もう少し掘り下げてみましょう。
Googleアナリティクスは、どのようにセッションを数えているのでしょうか?

◆ケース1

次のように、ユーザーがページを閲覧していったとします。

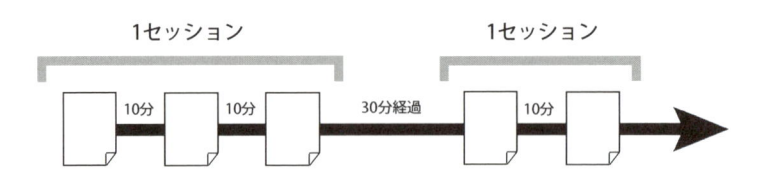

このケースでは、合計セッション数は「2セッション」になります。
Googleアナリティクスでは、ユーザーが次のような行動を行い、間隔が
30分を越えると、新しいセッションとしてカウントされるのです。

- パソコンの前をしばらく離れる
- 他のWebサイトへ行く

◆ケース2

では、別のケースを考えてみましょう。
今度のユーザーは、10分間隔ごとにページを閲覧しています。累計での
閲覧時間は50分です。
この場合、合計セッション数はいくつになるでしょうか?

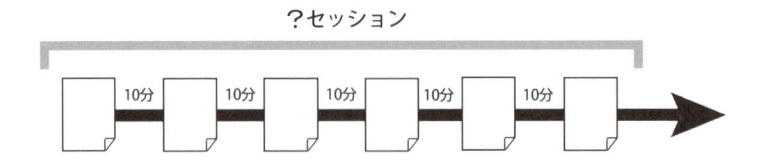

正解は「1セッション」です。簡単ですね。

 つまり、累計時間は関係ないのかぁ。あくまでも、**行動の間隔**が
30分を超えるかどうかが基準なんだね。

◆ 新規セッションとして計測される他のパターン

先ほどの行動の間隔が30分を経過した場合に加えて、次の場合も、新しいセッションとして計測されます。

- 日付が変わった場合
- 参照元が外部サイトだった場合

COLUMN セッションのタイムアウトは変更可能

デフォルトでは「30分」とされているセッションのタイムアウトですが、実はGoogleアナリティクスの設定で変更することができます。

メニューから[管理]→[プロパティ設定]→[トラッキング情報]→[セッション設定]の順にクリックし、[セッションのタイムアウト]欄で設定できます。

基本的にはこの設定はいじらなくていいけど、何か理由があって変更したいときには設定を変えられるってこと、覚えておくと役立つ場面があるかもね。

COLUMN　アクセス解析の用語は言い方いろいろ

　ページビュー数のことをPVと言ったり、セッションのことを訪問数と言ったり、アクセス解析の用語は、1つの意味でもいくつか言い方があって混乱してしまうことがあるかもしれません。

　そこで、下表に基本的な名称をまとめました。

用語	別名	略称
ページビュー数	ー	PV（Page View）
セッション数	訪問数	ss（Session）
ユーザー数	ー	UU（Unique Users）
コンバージョン	ー	CV（Conversion）
コンバージョン率	成約率	CVR（Conversion Rate）
クリック率	ー	CTR（Click Through Rate）

　略称で呼ばれていても、同じものを指しているとわかれば怖くありませんね。

COLUMN　「アクセス数」の定義と、ページビューのからくり

　さて、あるサイトに「アクセス数1000件です！」と書かれていたら、どう思いますか？

　　　1000件！　すごいなぁって思う！

　果たして本当にそうでしょうか？　考えてみましょう。

　この1000件というのが、次のどれなのかで捉え方が変わってくるはずです。

- ページビュー数なのか
- セッション数なのか
- ユーザー数なのか

　特に、ページビュー数に関しては、次のように、ユーザーがページを表示するたびに加算されていきます。

- 次のページを見ても1ページビュー
- 戻るボタンを押しても1ページビュー
- 同じページにいながら更新しても1ページビュー

　つまり、1人のユーザーが同じページを100回読み込み直しただけでも「100ページビュー」となるのです。もちろんユーザー数は1、セッション数は1。

　さて、ここまで読んだ方は「アクセス数1000件」という言葉に違和感を感じ始めたはずです。

 た、確かに……!　1000件といっても、ページビュー数なのかユーザー数なのかで全然違う。

 実は、「アクセス数1000件」っていう言葉には、もう1つツッコミどころがあるんだけどね。

 えっ?　何ですか!?

 教えてあげなーい。

　さて、皆さんはもう1つのツッコミどころ、わかりましたか?

1
2
3
基本的な単位・見方を知ろう
4
5
6
7

「閲覧開始数」って何?

ページ		ページビュー数	ページ別訪問数	平均ページ滞在時間	閲覧開始数
		9,214	4,760	00:00:31	3,732
		に対する割合: 100.00% (9,214)	全体に対する割合: 100.00% (4,760)	ビューの平均 00:00:31 (0.00%)	全体に対する割合: 100.00% (3,732)
1.	/post-1146/	2,240 (24.31%)	1,066 (22.39%)	00:00:22	1,051 (28.16%)
2.	/css_basic2/	1,133 (12.30%)	577 (12.12%)	00:00:28	566 (15.17%)
3.	/	1,199 (13.01%)	590 (12.39%)	00:00:29	510 (13.67%)
4.	/post-1125/	671 (7.28%)	302 (6.34%)	00:00:36	218 (5.84%)

気になってたんですけど

この閲覧開始数ってなんですか?

そのページを入り口として
自分のサイトに
入ってきた数だよ

外から来ましたー

しゅたっ

ページA

いらっしゃい

たとえばこんな場合

ページAの
閲覧開始数が
1つカウントされる

漢字の羅列で
むずかしそうに
見えるけど

閲覧開始

実は英語にすると
わかりやすくて…

閲覧開始数は
英語で
Entrances

入り口とか
玄関っていう意味だよ

エントランス〜

そのまんま
じゃん!!!!!

★英語のほうが
じっくりくる——!!

 閲覧開始数とは

あるページの閲覧開始数とは、そのページを入り口にして、ユーザーがサイトに来訪した数のことです。たとえば、訪問してきたユーザーが最初に踏んだのがページAの場合、ページAの閲覧開始数は1になります。

もし、最初にページBを踏んでからページAを踏んだ場合は、ページBの閲覧開始数は1、ページAの閲覧開始数は0になります。

> つまり、そのページが玄関になった回数ってことだよね!

ランディングページとは

閲覧開始数を理解したところで、「ランディングページ」という言葉についても合わせて覚えておきましょう。

◆ ランディングページ = 着陸したページ

ランディング(Landing)とは、英語で「着陸」という意味です。ユーザーが訪問してきたときに、最初に着陸したページ = ランディングページになります。

sample.htmlがランディングページとなった回数が、sample.htmlの閲覧開始数になります。

飛行機をユーザー、空港を自分のサイトとして想像するとイメージしやすいでしょう。

3
基本的な単位・見方を知ろう

113

📓 参照元とは

自分のサイトに次々と着陸してくるユーザーたち。彼らがどこからやって来たか知りたいですよね?

- 検索して来た?
- Twitterから来た?
- ニュースサイトから来た?

こういった、彼らが訪問してくる直前にいた場所を、参照元と呼びます。

 主な「参照元」は次の通りだよ。

- Organic(読み方:オーガニック)
- cpc(読み方:シーピーシー)
- Referral(読み方:リファラル)
- Social(読み方:ソーシャル)
- (direct)/(none)(読み方:ダイレクト/ナン)

それぞれどういうものか見てみましょう。

◆ Organic ＝ 検索

　「Organic」は「検索から来ました」という意味です。オーガニックとは自然検索という意味です。有料広告をクリックしたわけでなく、「自然に検索して自然に訪れた」場合、これに分類されます。「Organic」の例は次のようになります。

- Google検索
- Yahoo!検索

表示	意味
google / organic	Google検索から流入してきた
yahoo / organic	Yahoo!検索から流入してきた

◆ cpc ＝ 有料広告

　「cpc」は「広告から来ました」という意味です。

　「cpc」とは、「Cost Per Click」の略です。あなたがGoogleアドワーズやyahooリスティングといったサービスで広告を出しているとします。その広告がクリックされてあなたのサイトに流入があったとき、cpcからの流入として分類されます。

表示	意味
google / cpc	Googleアドワーズ広告から流入してきた

◆ Referral ＝ 参照

　「Referral」は「他のサイトからリンクをクリックして来ました」という意味です。Referralの例は次のようになります。

- ブログ
- ニュースサイト

表示	意味
blog.livedoor.jp / referral	ライブドアブログから流入してきた
c-r.com / referral	c-r.comというサイトから流入してきた

◆ Social ＝ SNS

「Social」は「SNSから来ました」という意味です。

表示	意味
Twitter	ツイッターから流入してきた
Facebook	Facebookから流入してきた
Hatena Bookmark	はてなブックマークから流入してきた

◆ (direct)/(none) ＝ 直接訪問

「(direct)/(none)」となるのは、ブックマークから直接、来たり、メールマガジンから来るなど、ユーザが直接、訪問してきた場合です。また、Googleアナリティクスが参照元情報を取得できなかった場合も含まれます。「(direct)/(none)」の例は、次のようになります。

- お気に入りブックマーク
- アドレスバーに直接URLを打ち込んだ
- アプリからのリンク
- メールからのリンク
- QRコード
- httpsページからhttpページのリンク

表示	意味
(direct)/(none)	お気に入りから来た、アプリから来たなど

参照元があるアクセスを**リファラー**と呼ぶのに対して、「(direct)/(none)」のように参照元がないアクセスを**ノーリファラー**と呼ぶよ。

SECTION 14 直帰率って何?

直帰率とは

　レポートをながめていると、直帰率（ちょっきりつ）という言葉をよく見かけると思います。直帰率とは、**1ページのみを見て、サイトから離脱する割合**のことです。

　「直帰した」とされる場合と「直帰していない」とされる場合で、それぞれどう違うのか、見てみましょう。

直帰した

飽きたから
別のWebサイトに
行こっと

1ページだけ見て
すぐ帰りました

ページA

直帰していない

複数ページ
見てから
帰りました

ページA　ページB

なるほど、1ページだけ見てすぐ離脱した場合、「直帰した」ことになるんだね。

直帰率の計算式は、次のようになります。

> ページAの直帰率 =
>   ランディングページがページAのうち直帰したセッション ÷
>   ページAの閲覧開始数

クイズ：ページAの直帰率は?

　セッションが1日1回だけのサイトに、次のようにページビューが発生したとします。

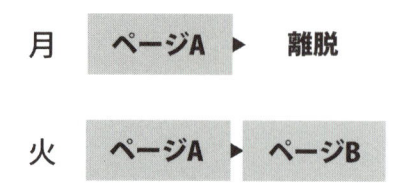

　この場合、ページAのページビュー数は2。直帰率は50%です。簡単ですね。
　では、次の場合はどうでしょう。

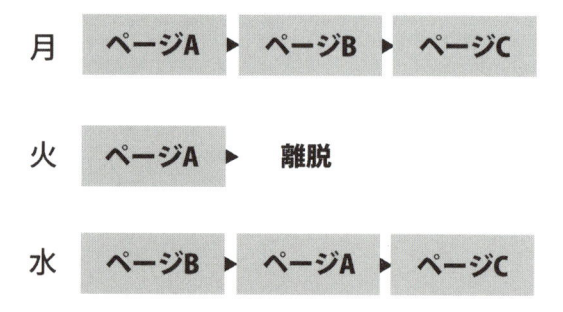

ページAのページビュー数は3。直帰率は何%でしょうか?

| 30% | 50% |

正解は121ページをチェック!

📝 顧客との出会いを逃さない! 出会いのページの精度を上げよう

開いたページが期待外れで、そのページをすぐに閉じてしまったという経験はありませんか?

ユーザーにせっかくアクセスしてもらえたのに、すぐ帰られてしまうのはもったいないですよね。出会いのページのクオリティーを上げるにあたって、直帰率はよい指標になります。

◆ サイトタイプ別の平均直帰率

直帰率の良し悪しの判断基準として、サイトタイプ別の平均直帰率をまとめました。

サイトのタイプ	平均直帰率
小売りサイト	20〜40%
コンテンツサイト	40〜60%
ブログ	70〜90%
広告のクリック先ページ	70〜90%
サービスサイト	10〜30%

あなたのサイトの直帰率が、平均と比べて高すぎないかチェックしましょう。

◆ ページの直帰率が高くなってしまう原因

ページの直帰率が高い場合、次のような原因が考えられます。

❶ 読者が必要とする内容がない

❷ 次の行動喚起がない

❸ サイトが使いにくく、求めている内容が見つからない

❹ ページの読み込みが遅い

「❶読者が必要とする内容がない」ケースは、ターゲット顧客が明確になっていないのが原因です。どんな状況で、どんな悩みを持つ人が、何を求めてサイトにやってくるのか。そして、そのユーザーに対して、私たちは何を提供するのか。6W1Hをしっかりと定めた上で、コンテンツをブラッシュアップし直しましょう。

　続けて、「❷次の行動喚起がない」ケースについて考えてみましょう。これは、ターゲット顧客の関心を引くことができているにもかかわらず、次にしてもらいたいアクションが明確でないせいで、顧客を逃がしてしまっているケースです。コンテンツを読み終わったあと「あぁ、おもしろかった」と思われるだけで、ユーザーがそのまま別のサイトへ行ってしまう……。

　この状況を改善するには「このページに来たユーザーに、次に何をしてもらいたいのか」を考え抜き、それに対応した導線を配備することです。たとえば、無料会員登録をしてもらいたいなら「会員登録（無料）」ボタンを設置したり、他の記事も読んでもらいたいならそのユーザーが興味がありそうな記事へのリンクを設置したりという形です。

　次に「❸サイトが使いにくく、求めている内容が見つからない」ケースです。サイトナビゲーションやメニューがわかりづらいと、ユーザーは自分のアクセスしたい情報へ簡単にたどり着けず、離脱してしまいます。ユーザーが見たいと思ったページにすぐ行けるよう、サイト全体の情報を整理してみましょう。

　最後に「❹ページの読み込みが遅い」ケースです。ページの読み込みが遅いと、ユーザーはいらだって離脱してしまいます。

　2017年3月21日にGoogleが公開したモバイルでのページ速度に関する調査結果では、「読み込みに3秒以上かかるページからは53%のモバイルサイト訪問者が離脱している」ことが明らかになりました。

　他にも、同社が深層ニューラルネットワークを用いた予測では、「ページの読み込み時間が1秒から7秒に増えると、モバイルサイト訪問者の直帰率が113%増加する」という結果が出ています。

　フロントエンド側・バックエンド側、両方の側面から表示速度の改善がはかれると理想的でしょう。

●**参考：モバイルページのスピードに関する新たな業界指標：**
　　　　　　　　　　　　　　　　　　　　　Google Developers Japan

URL https://developers-jp.googleblog.com/2017/03/
　　　　　new-industry-benchmarks-for-mobile-page-speed.html

COLUMN ページの速度を簡単に測る方法

Googleが提供している「PageSpeed Insights」というサービスで、あなたのWebサイトのスピードを簡単に測ることができます。

▼PageSpeed Insights

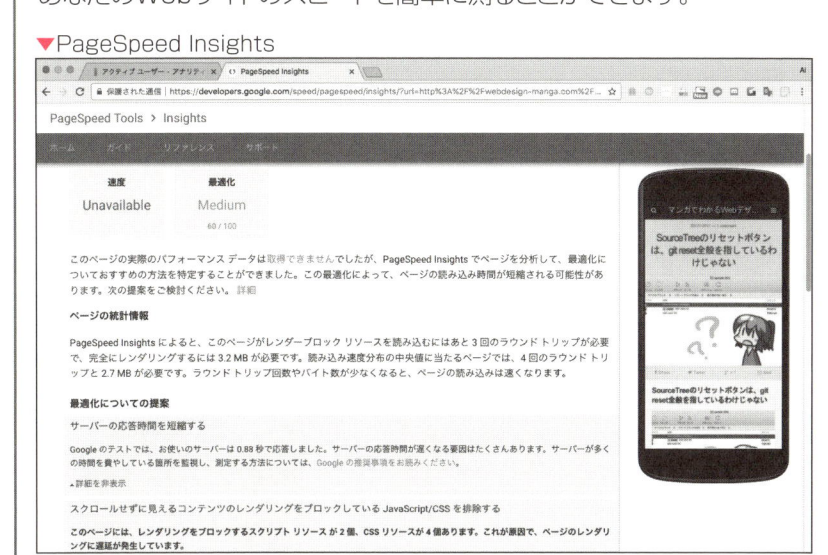

最適化の度合いを100点満点で採点してくれるのと合わせて、サーバーや画像、CSSの最適化についての提案もしてくれます。「ページの読み込みを速くしたいけれど、具体的に何をやればいいのかわからない」というときに参考になります。

🌱直帰率クイズ(118ページ)の正解:50%

水曜日のページAの閲覧は、直帰率の計算には含まれない。なぜなら、直帰率は「セッションが始まったページ(ユーザーが最初に踏んだページ)」だけが分母となるため。

なお、サイト全体の直帰率の計算式は次の通りです。

> サイト全体の直帰率 =
>   サイト全体で直帰したセッション数の合計 ÷
>   サイト全体のセッション数

SECTION 15 離脱率って何?

📋 離脱率とは

離脱率(りだつりつ)とは、**そのページがセッションの最後になった割合**のことです。

次の2点について、それぞれ見てみましょう。

- 「離脱ページ」とは何か
- 「離脱数」と「離脱率」の関係

離脱ページとは
セッションの最後に閲覧された
ページのことです

ページA　ページB

この場合、ページBが離脱ページですね

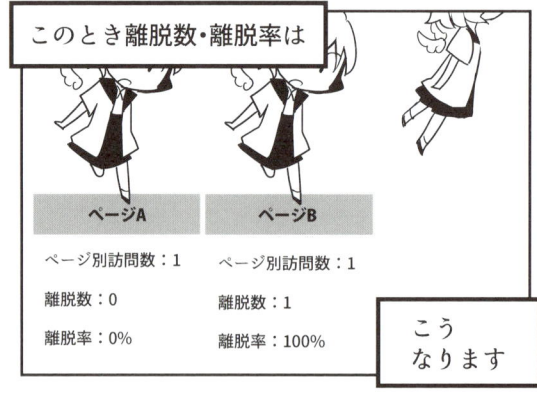

このとき離脱数・離脱率は

ページA　ページB

ページ別訪問数：1　　ページ別訪問数：1

離脱数：0　　　　　　離脱数：1

離脱率：0%　　　　　離脱率：100%

こうなります

離脱率の計算式は、次のようになります。

> ページAの離脱率 ＝
>   ページAで閲覧終了した回数 ÷ ページAのページビュー数

クイズ：ページCの離脱率は？

　次のように1ページのみのセッションが毎日発生した場合を考えてみましょう。

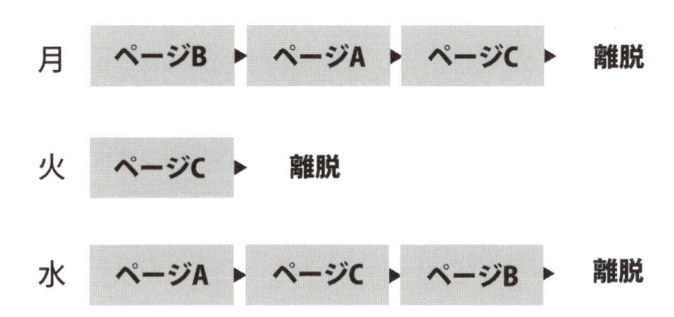

| 月 | ページB ▶ ページA ▶ ページC ▶ | 離脱 |

| 火 | ページC ▶ | 離脱 |

| 水 | ページA ▶ ページC ▶ ページB ▶ | 離脱 |

それぞれのページの離脱率は、次のようになります。

ページ名	離脱率	式
ページA	0%	＝ ページAから離脱した回数 0回 ÷ 2ページビュー
ページB	50%	＝ ページBから離脱した回数 1回 ÷ 2ページビュー
ページC	？	＝ ？

さて、ページCの離脱率は何％でしょうか？

| 33% | 66% |

さっきより簡単かも？　正解は131ページをチェック!

SECTION 16 「ディメンション」と「指標」の違い

「指標」と「ディメンション」って何が違うの?

初心者のころに混乱しがちなのが指標とディメンションの違いです。

実は、指標もディメンションも、それほど難しいものじゃないんだ。

ディメンション		指標	
	ごとに		を見る

はぁ～ん?　さっぱりわからん。

たとえば、こんな感じだね。

ディメンション		指標	
ユーザータイプ (新規/リピーター)	ごとに	ユーザー数	を見る
デバイス (パソコン/スマホ)	ごとに	直帰率	を見る

う～ん、わかったようなわからないような……?

まだモヤモヤしてるみたいだね。**指標**と**ディメンション**は、Googleアナリティクスを使う上では重要な概念なんだ。それぞれ詳しく見ていこう。

◆ 実際のGoogleアナリティクスの画面を見てみよう

実際に、Googleアナリティクス上で、指標とディメンションがどのように使われているのか見てみましょう。

メニューの[集客]→[参照元/メディア]をクリックしてみましょう。すると、次のように表示されます。

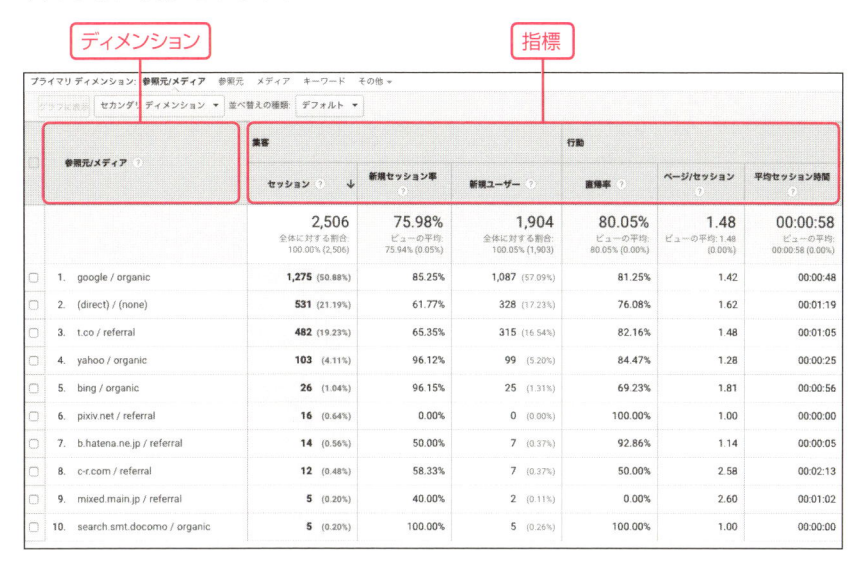

「参照元」というのは、どこからユーザーがやってきたかを表します。たとえば、「Googleから」「ツイッターから」「はてなブックマークから」などです。これらがディメンションです。

この参照元ごとに、「セッション数」や「直帰率」が表示されています。これらが指標です。

3 基本的な単位・見方を知ろう

◆ 知りたい数字が「指標」

あなたが分析で見たい数値が指標です。よく使う指標の例は次の通りです。

- ユーザー数
- セッション数
- ページビュー数
- ページ/セッション
- 離脱率
- 直帰率
- 平均セッション時間
- 目標

ふーん、つまりは**何らかの数値（数・時間・割合）**のことをまとめて**指標**と呼んでるのね。

◆ 分析区分が「ディメンション」

「○○ごとに見る」という分析区分がディメンションです。ディメンションは英語で「切り口」という意味です。

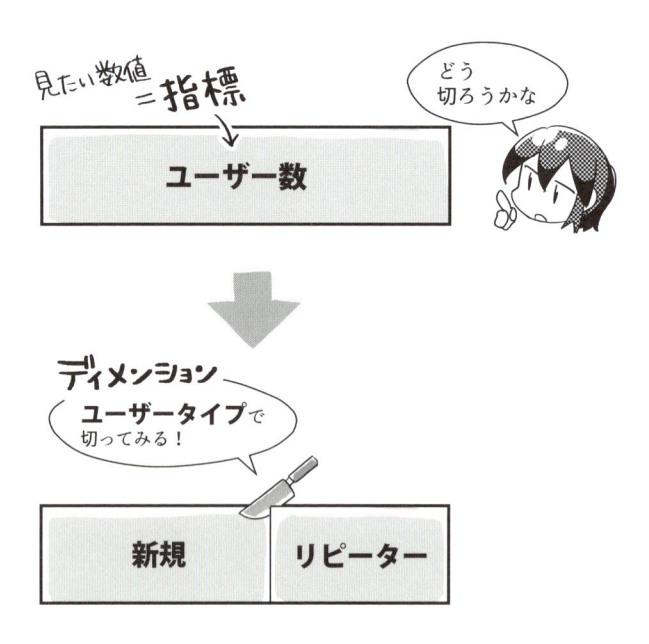

よく使うディメンションの例は次のようになります。

- ユーザータイプ(新規/リピーター)
- 参照元/メディア
- ソーシャルネットワーク(SNS)
- デバイス(PC / スマホ)
- ブラウザの種類
- 国/地域

なるほど〜。**どう切り分けるか**を決めるのが**ディメンション**なんだね。

カスタムレポートを作ってみよう

ディメンションと指標の理解を深めるために、試しにカスタムレポートを作ってみましょう。

カスタムレポートとは、見たい数値・切り分けたいディメンションを自由に設定して、あなたオリジナルのレポート画面が作れる機能です。

新規/リピーターごとのユーザー数がわかるカスタムレポートを作ってみるよ!

❶ メニューから[カスタム]()→[カスタムレポート]()の順にクリックし、[新しいカスタムレポート]ボタン(❸)をクリックします。

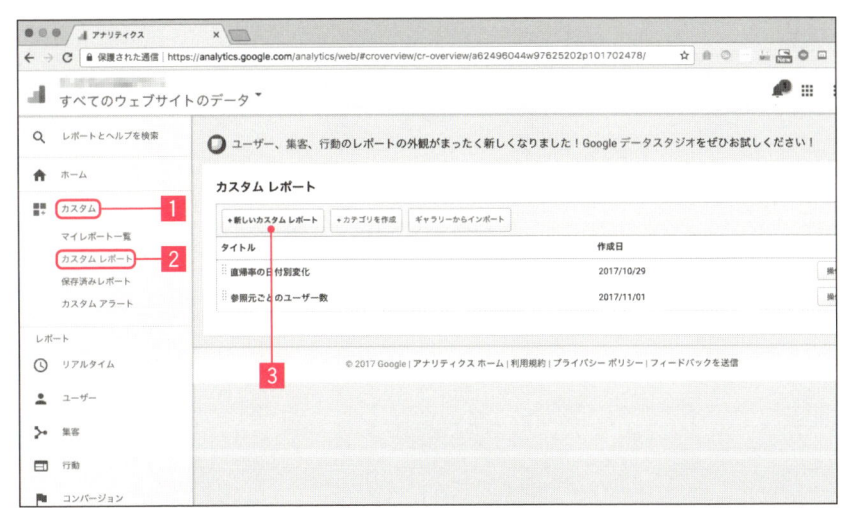

❷ レポートのタイトル（**1**）とタブの名前（**2**）を入力します。ここでは、例としてタイトルを「新規/リピーターごとのユーザー数」、タブの名前を「レポート1」とします。

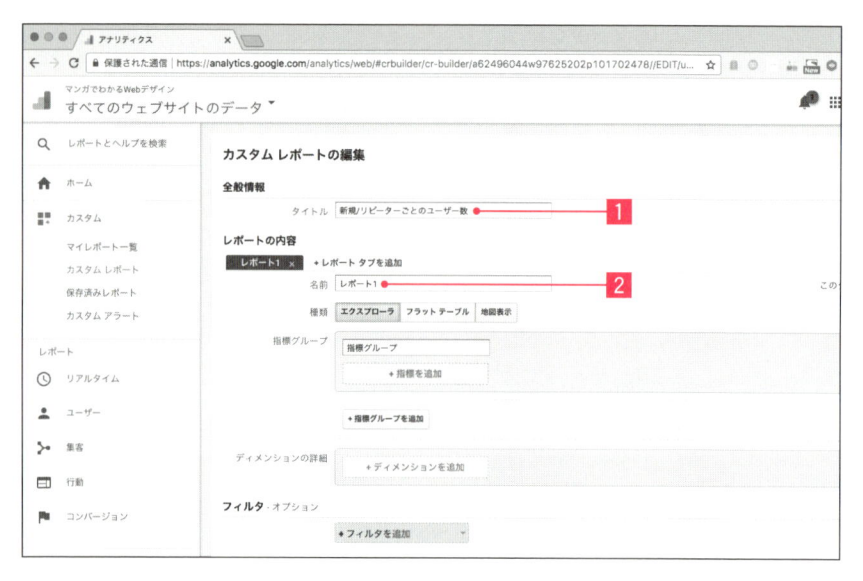

❸ [指標を追加]ボタン（**1**）をクリックし、検索欄に「ユーザー」と入力します（**2**）。候補として「ユーザー」が表示されるのでクリックして選択します（**3**）。

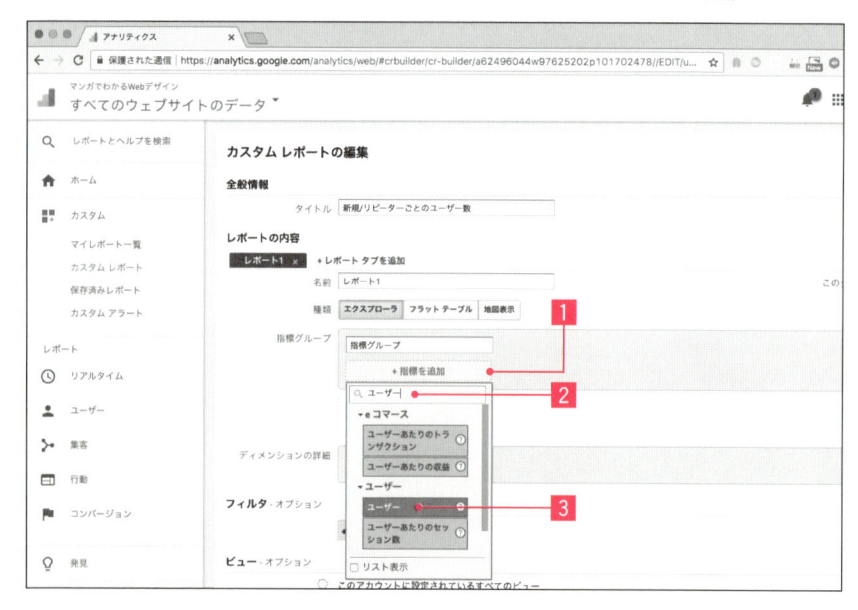

❹ 同様に、ディメンションも設定しましょう。[ディメンションを追加]ボタン（**1**）を
クリックし、検索欄に「ユーザー」と入力します（**2**）。候補として「ユーザータイ
プ」が表示されるのでクリックして選択します（**3**）。

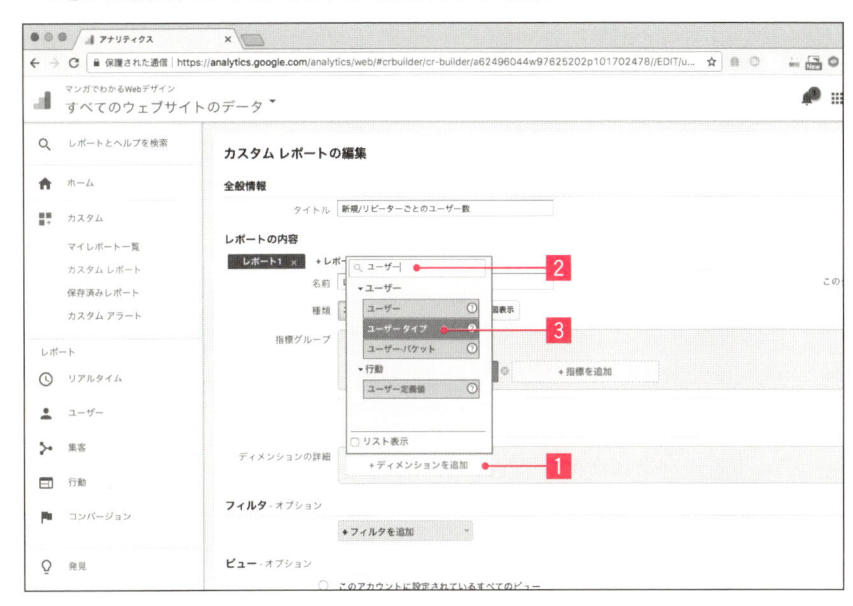

❺ これで設定は完了です。画面下部の[保存]ボタン（**1**）をクリックします。

❻ あなたが作ったカスタムレポートが表示されました！　新規/リピーターごとに
ユーザー数が表示されていますね。

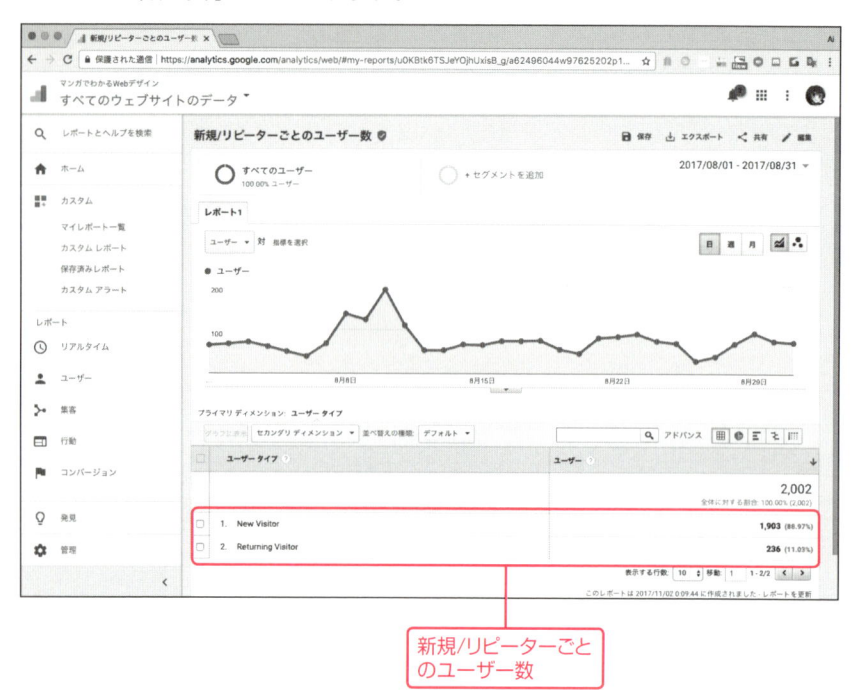

表示されている内容の意味は次の通りです。

● New Visitor ＝ 新規

● Returning Visitor ＝ リピーター

　一度作ったカスタムレポートは、メニューの［カスタム］→［カスタムレポー
ト］から何度でも閲覧できます。

COLUMN 指標とディメンションの見分け方

カスタムレポートを作っていると、どの用語がディメンションで、どの用語が指標なのかわからなくなってきますよね。でも大丈夫。Googleアナリティクスは、それぞれ色分けして表示してくれているのです!

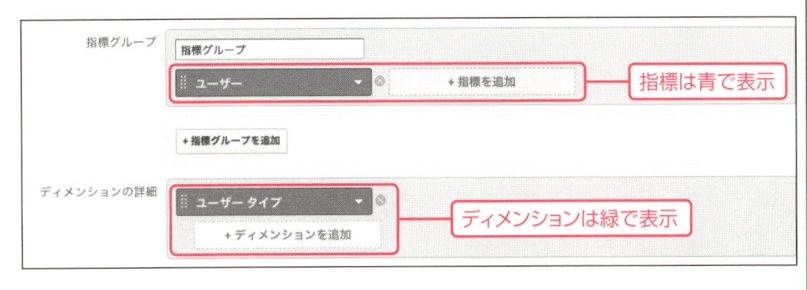

 青が指標で、緑がディメンションなんだね。

3　基本的な単位・見方を知ろう

🌱 **離脱率クイズ（123ページ）の正解：66%**

3ページビューのうち、離脱した回数は2回。

```
2 ÷ 3 = 0.6666... ≒ 66%
```

サンプリングってどういう意味？

あのー

昼休みですし本社ビルに行ってランチしたりしないんですか？

あぁ、本社に顔出すと何かと面倒だしな

散歩してるほうが落ちつくし

やっぱり……!!友達いないんだ

さすが幽霊社員 ←失礼

どうかしたかい？

そんなユーレイでも見たような顔して

……そうだ、君にクイズを出そう

この森には何本の木が生えていると思う？

制限時間は3分

えぇ!?

3分しかないの？

100m 100m

森の面積は100m²で木の分布は均一だよ

ポク ポク ポク…

う〜ん

シュバッ

よし！

3分以内に全部数えてみせます!!

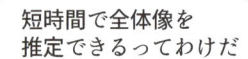

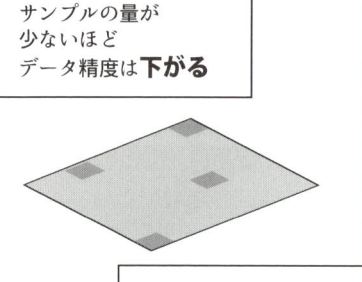

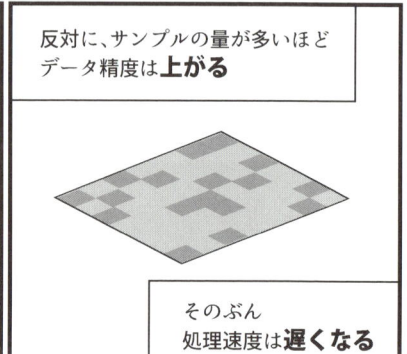

サンプリングって何だ?

　サンプリングとは、統計学の用語で、データの中の一部を抽出し、それをもとに全体像を推定することです。

　たとえば、100m²の範囲にまんべんなく自生している木の本数を推定する場合を考えてみましょう。1m²の本数を数えて100を掛ければ、全体の本数を割り出すことができますよね。

　それと同じように、Googleアナリティクスでは、集計したいデータが大きすぎる場合、全体のセッションデータからランダムにサンプルを抽出し、それをもとに全体の傾向を推定することがあります。

 ランダムに抜き出した一部のデータを参考に、全体像を推定することを、サンプリングって言うんですね。とはいえ、サンプリングされたデータって、あくまでも推定であって、正確なデータではないですよね?

 おっ、するどいね。その通り。極端だけど、たとえばこんな森だったら、実際の姿と推定された姿には大きな開きがあるよね。

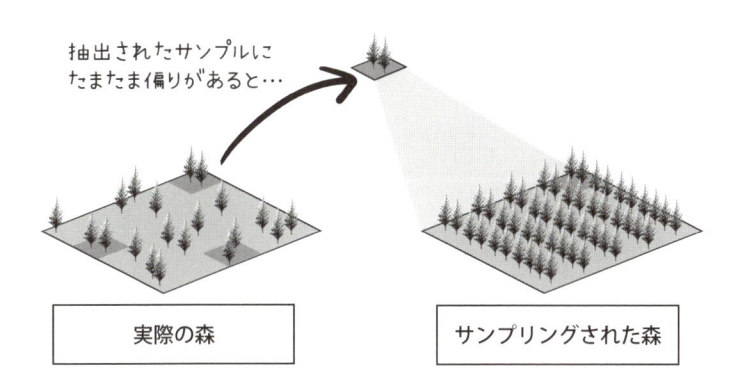

抽出されたサンプルにたまたま偏りがあると…

実際の森　　　　　サンプリングされた森

 うんうん。サンプリングされた結果は「間違いである」とまでは言わないけど、「あくまでも推定である」と知った上で使うことが大事なんですね。

サンプリングがかかっているかどうか知る方法

　サンプリングがかかっているかどうかは、レポート上部にあるチェックマークの形のアイコンで判別することができます。

◆ 緑色 = サンプリングがかかっていない状態

　レポートの上部にあるチェックマークの形のアイコンが緑色ならば、表示結果にはサンプリングがかかっていません。

◆ 黄色 = サンプリングがかかっている状態

　アイコンが黄色ならば、表示結果にはサンプリングがかかっています。

　なお、サンプリングが行われるしきい値は、レポートの種類や、無料版か有料版かによって変わります。

　訪問期間を長くした場合や、アクセス数の多いサイトでは、扱うデータもその分膨大になるから、サンプリングがかかりやすくなるんだ。大規模サイトの解析精度を高めたい場合は、Googleアナリティクス360（有料版）の利用を検討してみるといいだろう。

サンプリングの度合いを調整する

サンプリングの度合いは、次のようにして調整できます。

❶ 黄色のアイコン(**1**)をクリックします。

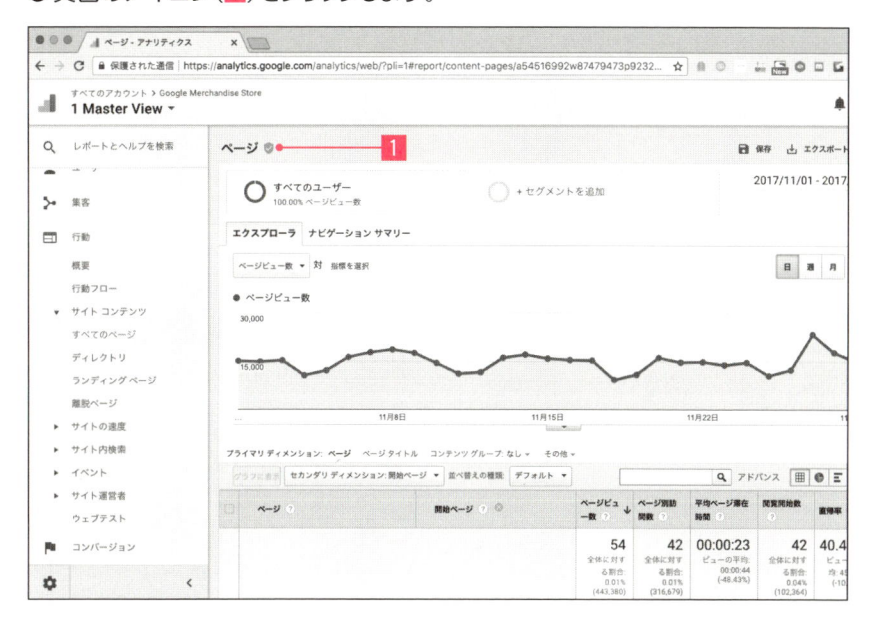

❷「速度優先」か「精度優先」かを選びます(**1**)。

レポートの表示速度を優先する場合には、その分、精度は下がります。反対に、データの精度を優先する場合には、レポートの表示速度は遅くなります。

COLUMN それ、本当に解決すべき数字ですか？

CHAPTER 3では、基本となる単位・切り口を学びました。

- ページビュー数・セッション数・ユーザー数
- 閲覧開始数
- 直帰率・離脱率
- 指標・ディメンション

これらをしっかり学んだあなたなら、きっと最適な判断ができるはずです！　わかばちゃんになった気持ちで、次の問題にチャレンジしてみましょう。

◆本部長から届いたメッセージ！　どう返信する？

社内チャットに、本部長のレミさんからこんなメッセージが届きました。

直近一週間のアクセスを見たとき
購入ボタンを押したあとの
住所入力フォームの直帰率が50%と高いです！

住所入力フォームのデザインが
わかりにくいのではないでしょうか？
至急、デザインを改善してください。

▼実際の数値（期間：1週間）

単位	数値
住所入力フォームの直帰率	50%
セッション数	180
閲覧開始数	4

● わかばちゃんの返答

直帰率が50%!?　大変!　それって、購入ボタンを押した人のうち、半分が住所入力フォームで諦めて、ウチのWebサイトから離れちゃったということでしょう。早くデザインを修正しなきゃ!

　わかばちゃんは、チャットに「承知しました！すぐにデザインを改善します！」と書き込みました……。

　さて、このわかばちゃんの考え方には間違いがあります。どこが間違っていると思いますか？　あなたがわかばちゃんの立場なら、本部長にどう伝えますか？

● 平さんの返答

　では、平さんならどう答えるか見てみましょう。

「住所入力フォームの直帰率が50％」。これはその通りですね。ただし、直帰率の母数は閲覧開始数です。閲覧開始数は4セッション。つまり、住所入力フォームで直帰した人は、実質たったの2セッションです。

閲覧開始数ですって？　住所入力フォームは、購入ボタンを押した後にしか表示されないでしょう。それなのに、その4セッションのお客様は、一体、どうやって直接このページにランディングしているのよ？

これはおそらく、一度席を外すなどしてセッション期間が切れた人が、再度このページを更新し直した、というケースでしょう。30分操作をしなかった場合、ページを離脱したとみなされ、セッションが切れますからね。

なるほどね。「直帰率50％」という数字だけ見て慌てて連絡したけど、その程度の小さな数字なら改善に時間をかけてももったいないわね。もっと数字を大きく動かせそうな部分にリソースを割いていきましょ。それじゃ、またね。

3
基本的な単位・見方を知ろう

◆最適解を導くためのポイントは2つ

いかがでしたか?　平さんのように答えることができれば、会社でも一目置かれますよね!

今回の問題において、最適解を導くためのポイントは次の2つ。

- 母数を確認するクセをつける
- 直帰率・閲覧開始数の意味をちゃんと理解しておく

「50%と高いです!」というように、パーセンテージだけ提示されたときは、要注意。必ず、母数を確認するクセをつけましょう。

たとえば、**10,000セッションのうち、50%がこのページで直帰している**ということであれば、明らかにそのページには問題があるとわかりますね。

同じ50%でも**4セッションのうち、50%がこのページで直帰している**ということなら、あまり気にしなくてよい小さな数字ということになります。

上記のように、本当は悪いところがないのに「この数値は悪い!」と決めつけてしまうパターンでは、本来、使わなくていいリソースを無駄に割いてしまうことになりかねません。

逆に、**良い結果を出したいという気持ちが強いあまり、自分の脳内で都合のいいフィルターがかかってしまうパターン**もあります。

たとえば、次のようなケースです。

▼都合のいいフィルターをかけてしまっている例

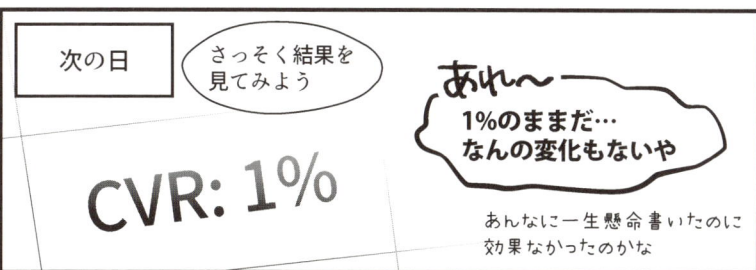

この場合のツッコミどころは2点です。

●その数値は誤差の範囲じゃないの?

そもそも、たった1日だけのアクセス数だけで比較することがナンセンス。1日だけだと母数が少なすぎてアテになりません。比較するには、せめてビフォー・アフターそれぞれ1週間分のデータは欲しいですね。

●目標がずれていませんか?

もともとはCVRを上げるための施策だったはず。なのに、わかばちゃんはたまたま直帰率が下がっていたのをいいことに、その数値だけ抜き出して、手柄にしようとしています。

自分が頑張って手を入れたページほど、「よい傾向が現れているに違いない」というフィルターがかかります。「何かしら、胸を張って報告できる数値はないものか」と、しらみつぶしに数値という数値を眺めまくるわけです。

チェックすべき本来の目標数値を忘れてしまったWeb担当者の姿は、悲惨なものです。本筋とは関係のない数値に一喜一憂。いきあたりばったりの行動を繰り返し、あっという間に月末に。「今月も、何の成果も得られませんでした!」では悲しすぎますよね。

ひえ〜。理解したと思ってたのに、私、全然できてなかった。

そう。「わかる」と「できる」は違うんだ。「できない」ことに気付けるのは実践した人間だけだからな。偉いぞ。

平さんって「わからない」「できない」って言ったら褒めてくれるんですね。普通、逆じゃないんですか? 変なの〜。

Googleアナリティクスは、誰でも簡単にそれっぽいデータが見られるぶん、わかった気になりがちだからね。「わからない」「できない」ことに気付いて、素直に伝えられるのは武器だよ。

CHAPTER 4

ユーザーの動向を知りたい

「集客サマリー」で全体像を把握しよう

📝 分析は「マクロからミクロへ」を意識しよう

アクセス解析は、大まかな全体像から少しずつ掘り下げて見ていくように意識しましょう。

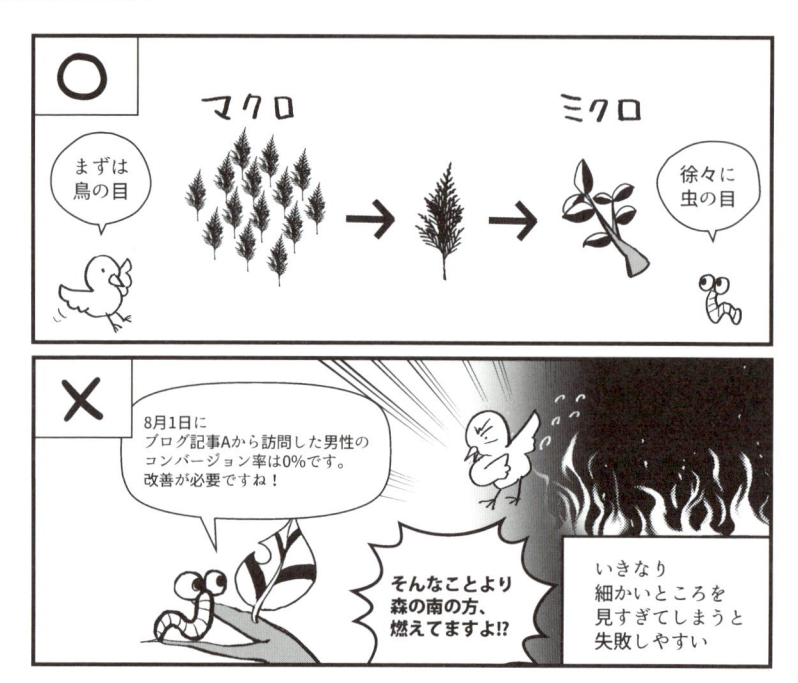

Googleアナリティクスは、数回クリックするだけで細かい数値を見ることができてしまいます。いきなり細かい部分を見てしまうと、その狭い観測範囲内だけのデータで間違った施策を打ってしまいがちなのです。

 まずは大きく**鳥の目**で俯瞰して、そのあと、徐々に**虫の目**で掘り下げていくという順番が大事なんだね。

まずは、大まかな全体像を集客サマリーで見てみましょう。

❶ メニューから[集客]（**1**）→[概要]（**2**）の順にクリックします。すると、次のように全体の概要が閲覧できます。

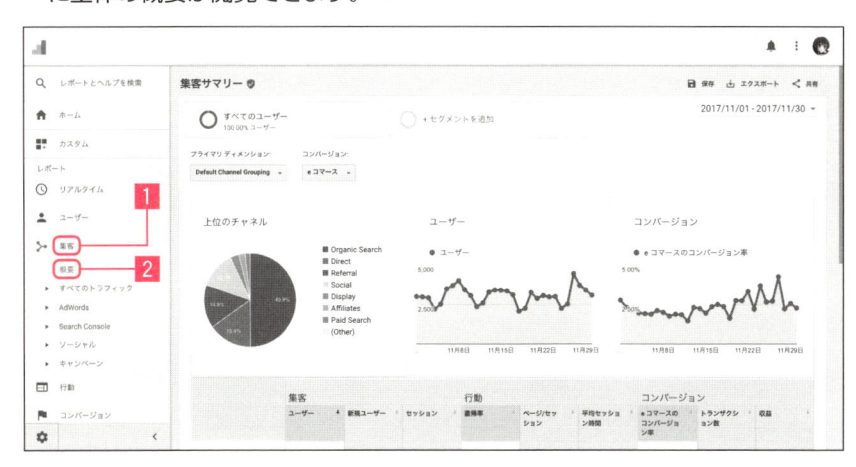

❷ 下へスクロールすると、チャネルごとの集客・行動・コンバージョンが閲覧できます。

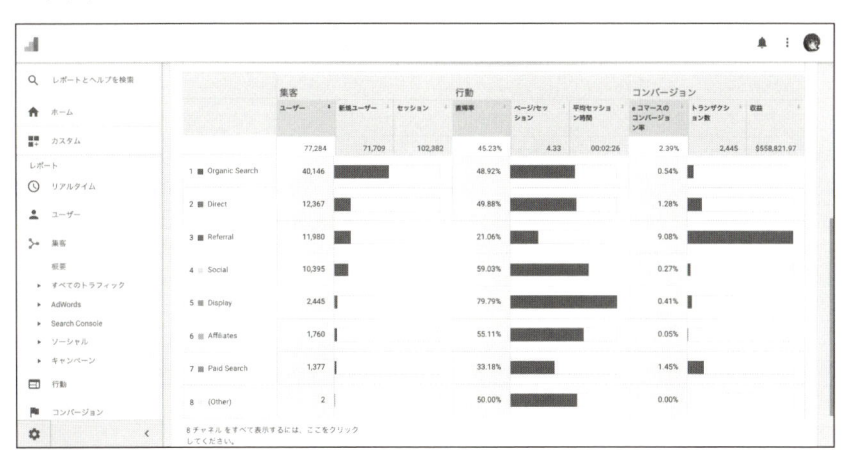

おおっ、一番集客数が多いのは、**Organic Search**っていうところからやってきたアクセスだね。そして、一番コンバージョン率が高いのは**Referral**ってところからやってきたアクセスだ！

Organic Searchから1カ月に40,146ユーザも来ているのに、コンバージョン率は0.54%しかないのか……。これは妥当な数値かどうか調査が必要そうだな。

 ところで「おーがにっくさーち」って、何ですか？

 ズコッ。これらは**チャネル**というもので、流入経路を大きく分類したものだよ。

 チャネルって何？

　Googleアナリティクスでは、流入経路が自動的に「チャネル」という大きなくくりでグルーピングされます。

 いきなり「アクセス解析をして」と言われたら、何をしたらいいのか戸惑ってしまいがちだけど、まずはチャネルごとの流入の割合をチェックすることで、ユーザーの傾向を把握できるよ。

チャネル名	意味
Organic Search（オーガニック サーチ）	自然検索からの流入
Paid Search（ペイド サーチ）	有料検索（リスティング広告）からの流入
Social	ソーシャルメディアからの流入
Referral（リファラル）	別サイトからの流入
Direct（ダイレクト）	直接の流入
Email	メールからの流入
Affiliates	アフェリエイトからの流入
Display	ディスプレイ広告の流入
Other Advertising	他の広告からの流入
Other	その他の流入

※上記の9種（+Other）はデフォルトで提供されているチャネルです。もし必要があればカスタマイズすることが可能です（ただし上級者向け）。

 チャネルは、Googleアナリティクスのトラフィックの分類の中では一番大きな分類なんだ。

 英語で書かれてるから、一見むずかしそうに見えるけど、意味がわかれば簡単だね！

「セグメント」でデータを
グループ分けしてみよう

🖋 セグメントを使ってみよう

「チャネルの中で、さらにスマホとパソコンの比率を見てみたい」

そんなときに役立つのがセグメントです。

今回は例として次の2つに分解してみましょう。

- スマートフォンからの流入
- タブレットとパソコンからの流入

次のように操作します。

❶ メニューから[集客](1)→[すべてのトラフィック](2)→[チャネル](3)の順にクリックし、[セグメントを追加](4)をクリックします。

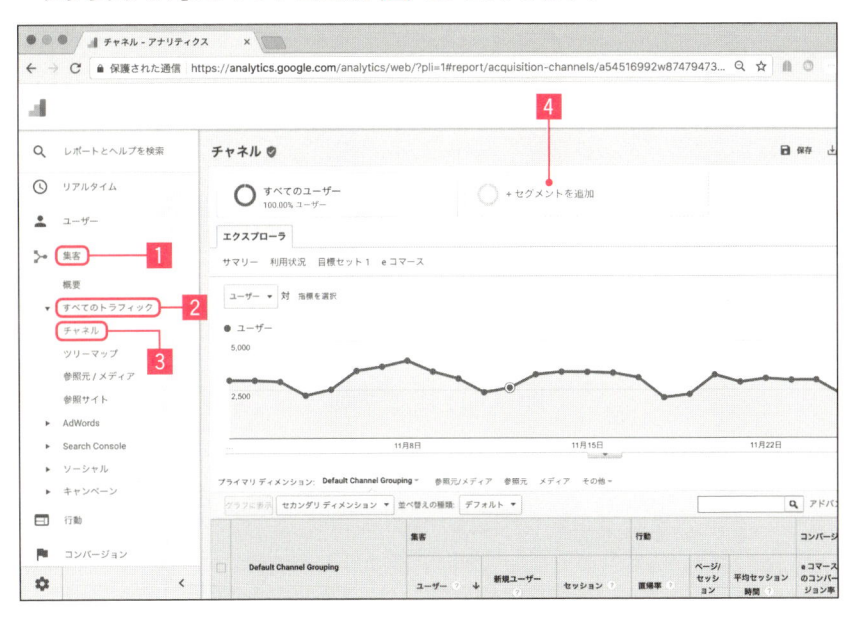

❷ [タブレットとPCのトラフィック]（**1**）と[モバイルトラフィック]（**2**）をONにし、[適用]ボタン（**3**）をクリックします。

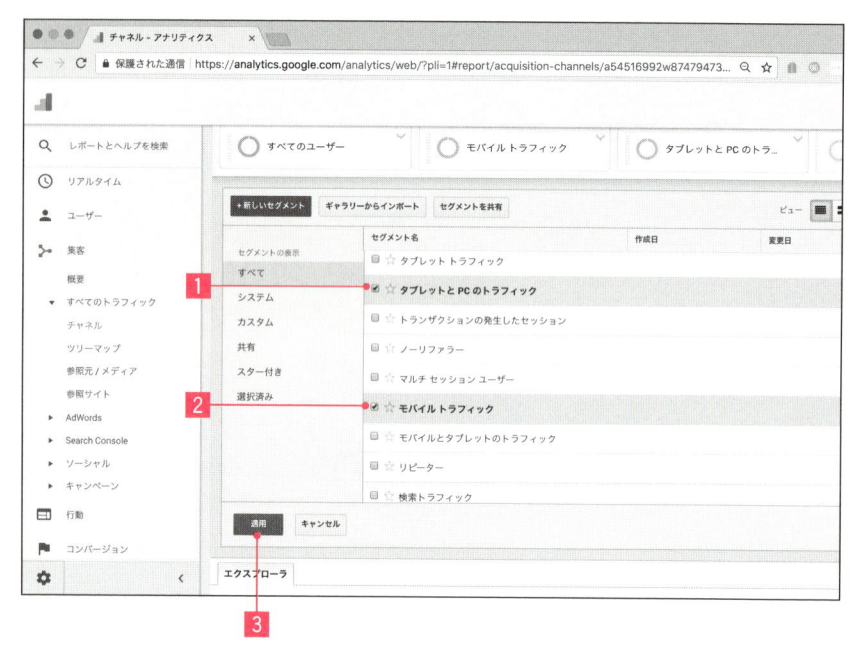

❸ すると、グラフが色分けされて表示されます。

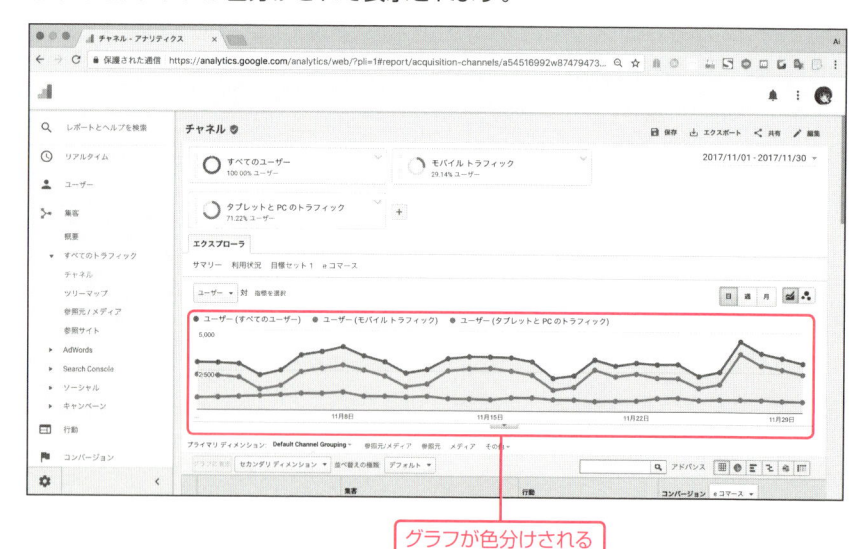

グラフが色分けされる

❹ 下にスクロールすると、各チャネルのモバイルトラフィック、PCトラフィックが
閲覧できます。

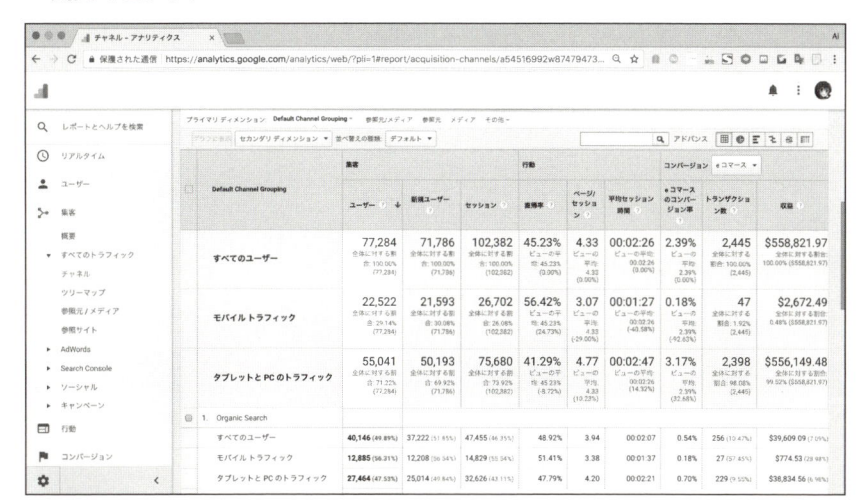

グラフを見ると、モバイルトラフィックは横一直線でほぼ一定だけ
ど、PCトラフィックは上下動が激しいね。これは何でだろう?
もっと詳しく見てみようっと……。

そうそう。そんな感じで**全体像→気になるところを掘り下げる→
さらに掘り下げる**という順番で分析していくのさ。

「マクロからミクロに」ってこういうことなんですね!

「セカンダリディメンション」で さらに深く分析してみよう

✍ ディメンションって何だっけ?

「○○ごとに見る」という分析区分のことをディメンションといいます。

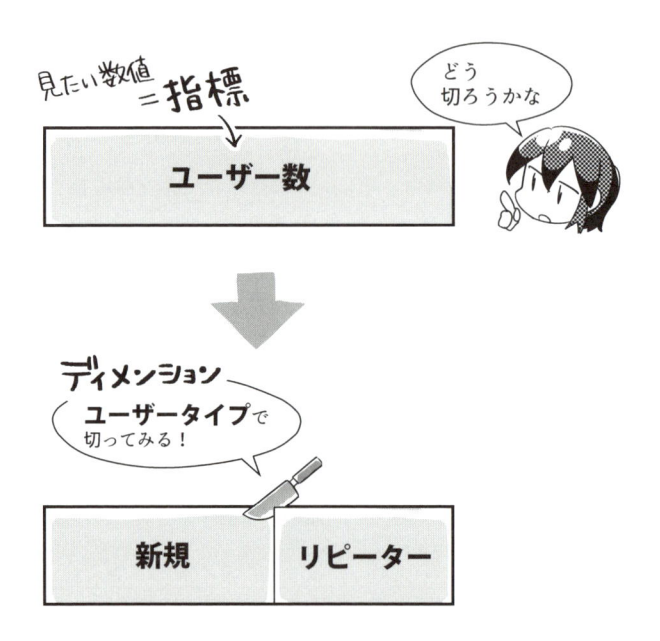

見たい数値=指標

ユーザー数

どう切ろうかな

ディメンション

ユーザータイプで切ってみる!

新規　　**リピーター**

忘れちゃった人は、124ページを見返してみてね。

ディメンションとセカンダリディメンション

ディメンションとセカンダリディメンションの違いを図に表すと、次の通りです。

▼ディメンション「ユーザータイプ」で切った様子

▼さらにセカンダリディメンション「参照元」で切った様子

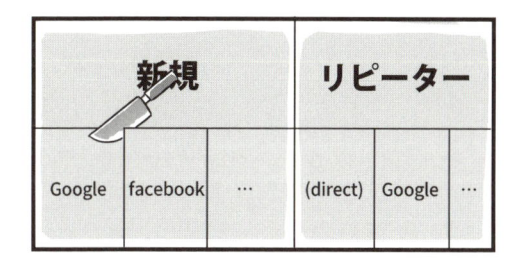

一度、区切ったものを、さらに別の切り口で区切るのが**セカンダリディメンション**なんだね。

🖌 セカンダリディメンションを使ってみよう

　「今見ているレポートに、この情報をかけあわせたい」と思った瞬間、わずか2クリックで実現できるというのがセカンダリディメンションの利点です。

　例として、今回は「新規とリピーター」レポートに、セカンダリディメンションで「参照元」を追加してみましょう。

❶ メニューから[ユーザー]（**1**）→[行動]（**2**）→[新規とリピーター]（**3**）の順にクリックします。

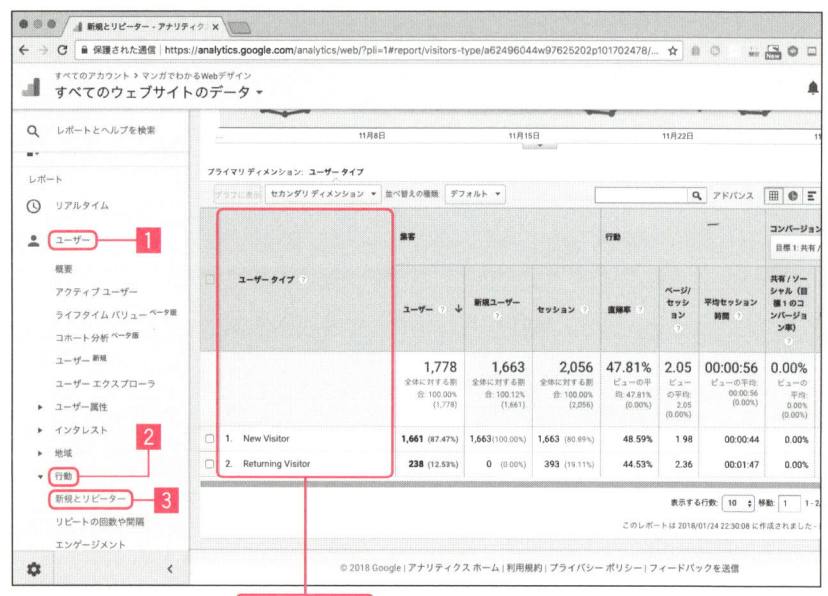

ディメンション

「New Visitor」というのが新規ユーザー、「Returning Visitor」というのがリピーターね。

これが1段階目のディメンションだな。

❷ ここにセカンダリディメンションとして「参照元」をかけ合わせてみましょう。[セカンダリディメンション]ドロップダウンボタン（**1**）から［集客］→［参照元］（**2**）をクリックします。

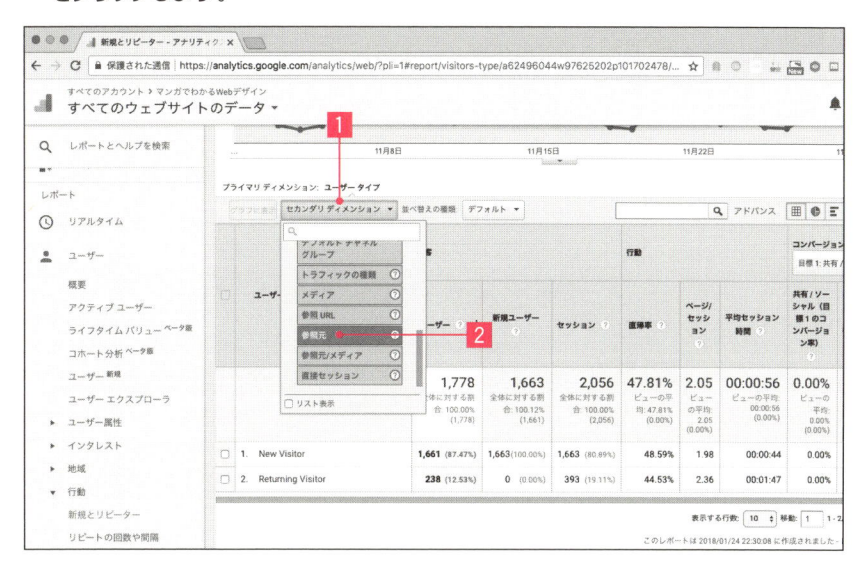

❸ 見事、セカンダリディメンションを掛け合わせたアクセスデータが表示されました。

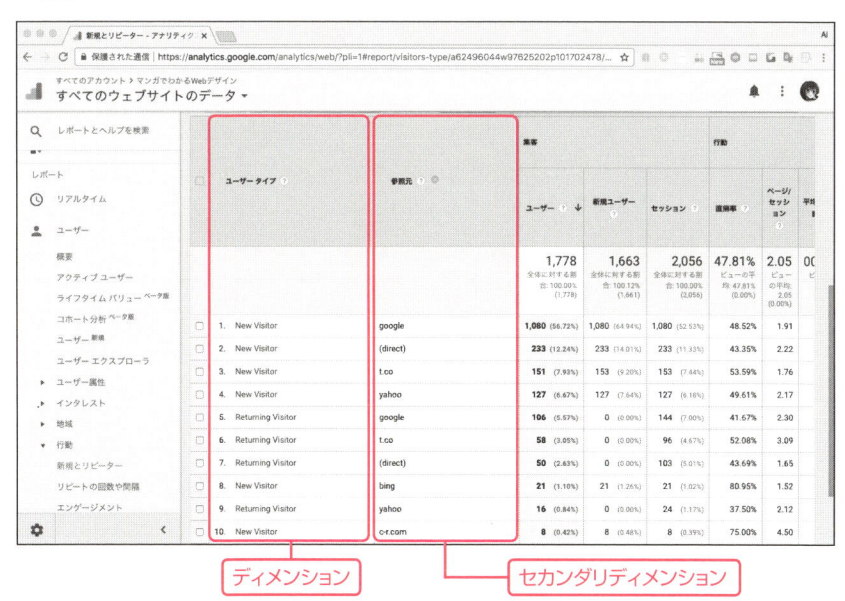

ディメンション　　　　　　セカンダリディメンション

ふむふむ、一番ユーザー数が多いのは「Googleから来た新規ユーザー」なのね!

さらに、表の1列目の各項目をクリックすれば、昇順・降順に並べ換えることができるよ。たとえば平均滞在時間が長い順に表示するとこうだね。

ここをクリックすると…

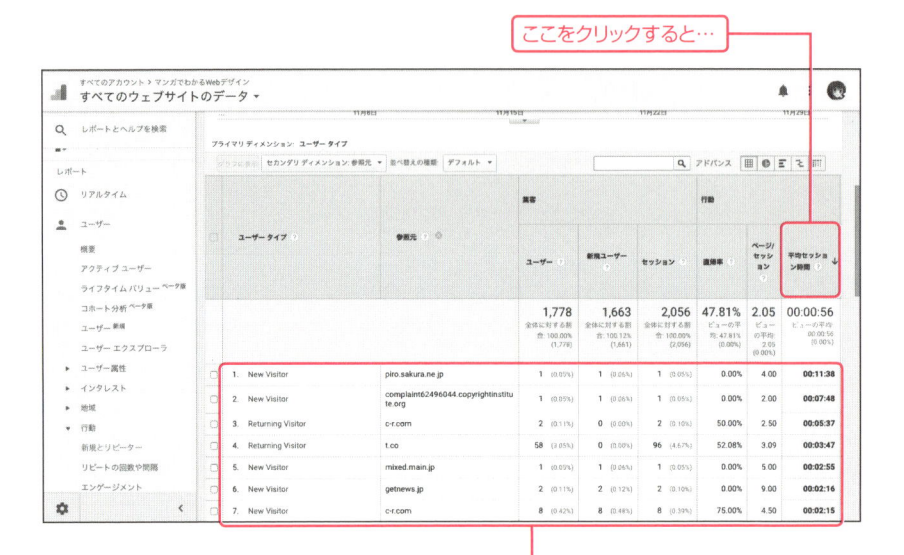

数値が大きい順に並べ替えられる

おお〜っ! これで優良なアクセスや、逆に手を入れたほうがいいアクセスを探しやすくなりますね。

外部リンクのクリック数を
カウントしよう

外部リンクのクリック数をカウントする方法

サイトを運用していると、わかばちゃんのパターン以外にも、次のような数値を知りたくなることはありませんか?

- 申し込みページが外部サイト(別ドメイン)の場合に、どれほど申し込みページに至ったのか計測したい
  - → ページ改善の手がかりになる
- サイト内に寄稿してもらった際に、執筆者のプロフィールページへのリンククリック数を計測したい
  - → 別の寄稿者を探す際に数字をアピールできる
- 自分のブログからアフィリエイトリンクがどれだけクリックされているか測りたい
  - → より効果的なアフィリエイトの見せ方を模索できる

Googleタグマネージャを使えば、これらの回数をカウントすることができます。

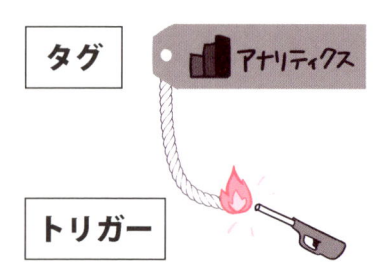

外部リンクへのクリックが
発生したら

外部リンクのクリックが発生したら→タグが発火して→Googleアナリティクス上にイベントとして記録されるという仕組みを作るよ。

◆ 完成イメージ（この作業のゴール）

Googleアナリティクスの「イベント」ページに、クリックされた外部リンクが「イベントラベル」として計測されている状態です。

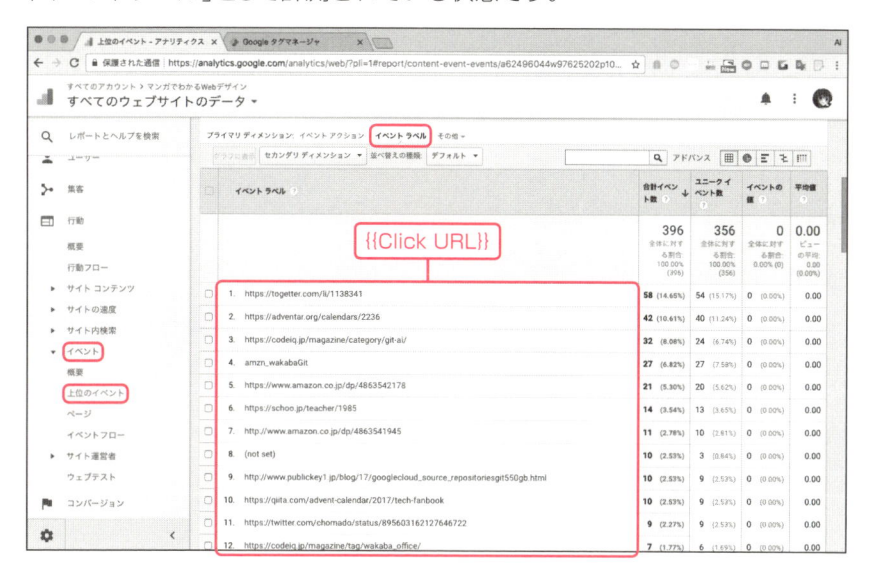

なお、以降の工程は、71ページの内容を設定した後に行いましょう。

便利な「組み込み変数」

今回の設定では「組み込み変数」というものを使います。変数とは、値を入れておく箱のようなもので、Googleタグマネージャ上では「{{Click URL}}」といった形で書き表します。

クリック発生→「{{Click URL}}」という箱の中にクリックされたURLが入る→Googleアナリティクスにクリックされたリンクがイベントとして登録される。こういった仕組みを作るために変数は便利なんだ。

変数!?　何だかプログラミングみたいで難しそう……。

簡単だよ。クリックだけで設定できるからね。一緒にやってみよう。

❶ まず最初に、Googleタグマネージャ上で変数「{{Click URL}}」を使えるよう初期設定をしましょう。Googleタグマネージャにログインし、メニューから[変数]（**1**）をクリックし、[設定]ボタン（**2**）をクリックします。すると、変数一覧が表示されるので、その中から[Click URL]（**3**）をONにします。

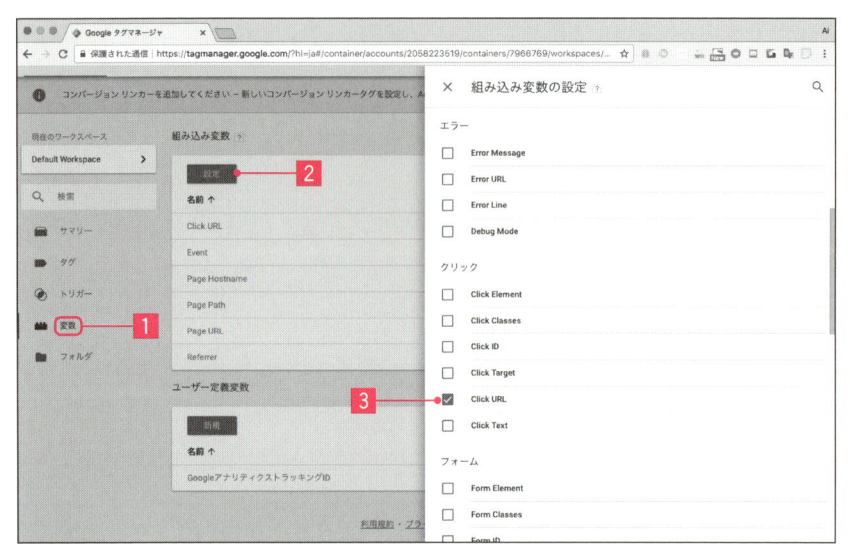

これで「Click URL」変数を使えるようになったよ。

❷ Googleタグマネージャを開き、メニューから[タグ]（**1**）をクリックし、[新規]ボタン（**2**）をクリックします。

❸ 最初はタグ名が「名前のないタグ」となっています。あとで使うときにわかりやすいように「イベント計測 外部リンククリック」という名前に変えましょう（**1**）。名前を変えたら、［タグタイプを選択して設定を開始］（**2**）をクリックします。

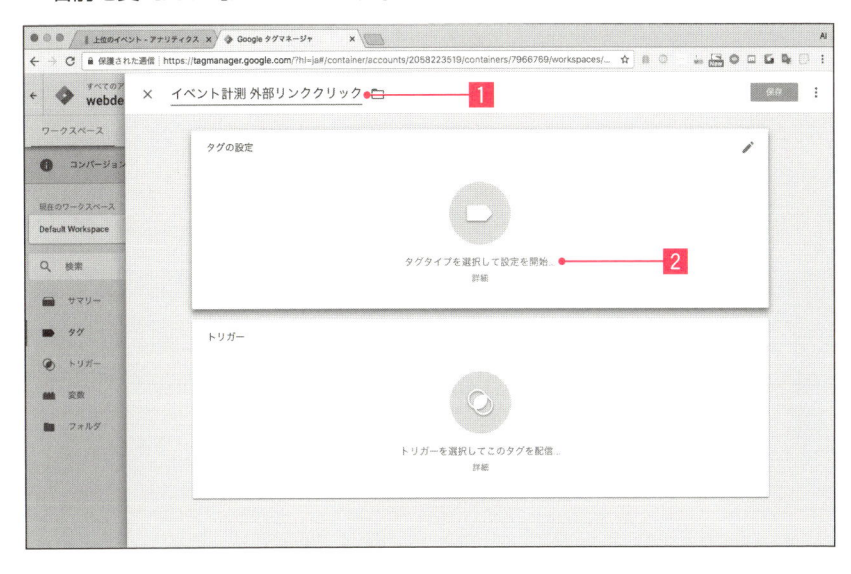

❹ ［ユニバーサル アナリティクス］（**1**）をクリックします。

❺ 各項目を次のように設定します（**1**）。

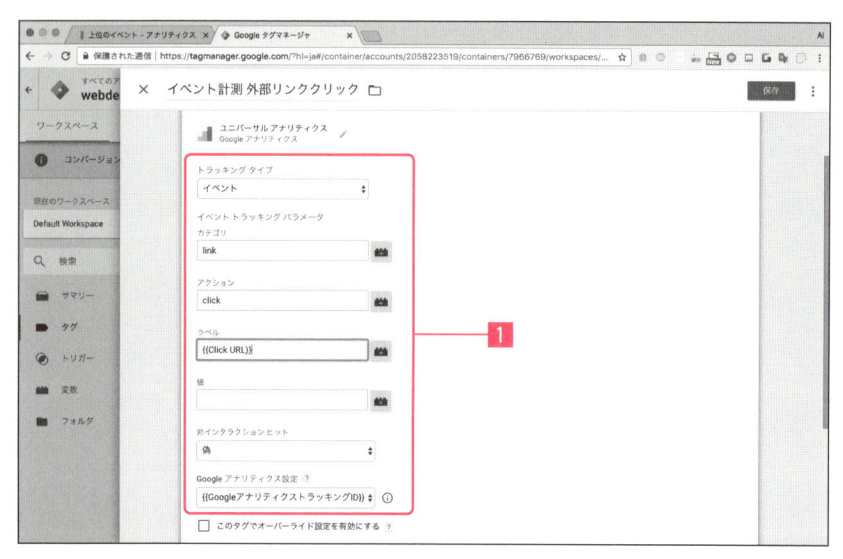

項目	設定値
トラッキングタイプ	イベント
カテゴリ	link
アクション	click
ラベル	{{Click URL}}
Googleアナリティクス設定が 設定変数を選択	{{GoogleアナリティクストラッキングID}}

「{{Click URL}}」のような組み込み変数は、[+]アイコンをクリックすると選択できるよ。

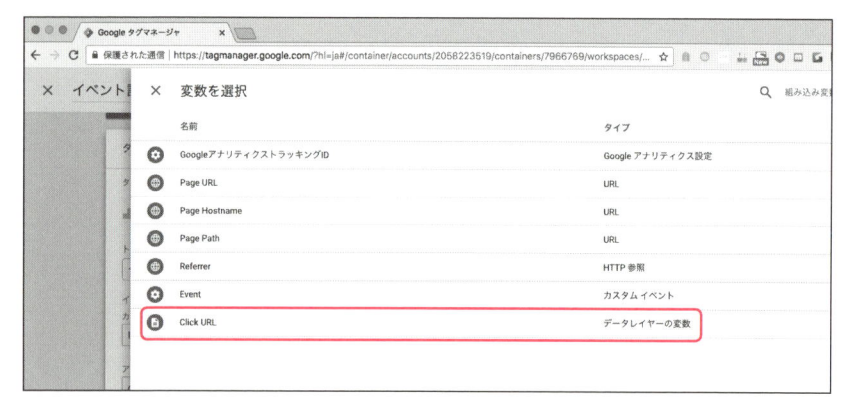

❻ [保存]ボタン(**1**)をクリックすると、次ような画面になります。これでタグの設定ができました。

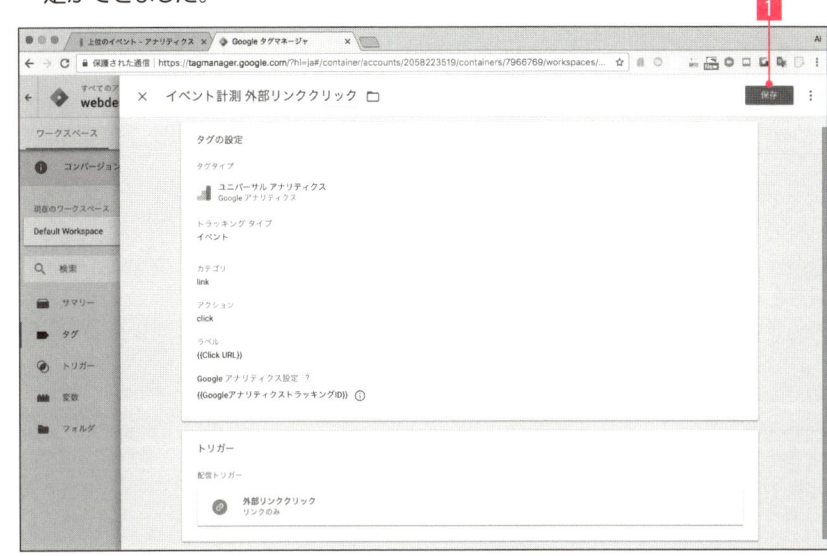

❼ 次にトリガーを設定していきます。[トリガーを選択してこのタグを配信](**1**)をクリックします。

4
ユーザーの動向を知りたい

❽トリガー一覧が表示されます。今回は新しいトリガーを作りたいので、右上の[+]アイコン(■1)をクリックします。

❾トリガー名を「外部リンククリック」に変えます(■1)。[トリガーのタイプを選択して設定](■2)をクリックし、表示される一覧から[リンクのみ](■3)をクリックします。

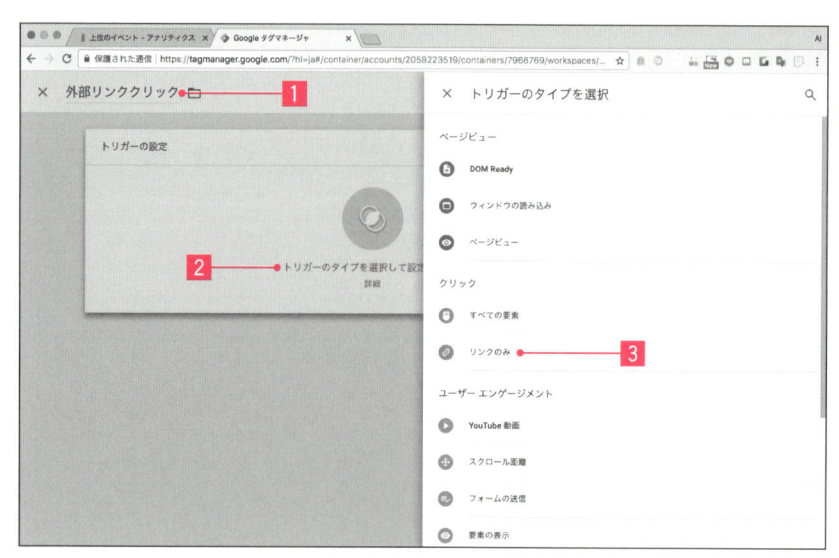

⓾ [一部のリンククリック]（**1**）をONにします。今回は外部リンクがクリックされた
ときを計測したいので、「Click URL」「含まない」「自分のサイトのドメイン」の
ように設定します（**2**）。

なるほど、これで自分のサイト以外のリンクをクリックしたらトリ
ガーが発火するってわけね。

⓫ 全部設定が終わると、次のようになるので、[保存]ボタン（**1**）をクリックします。
あとは、83ページで行ったように、[プレビュー]→[公開]すれば完了です。

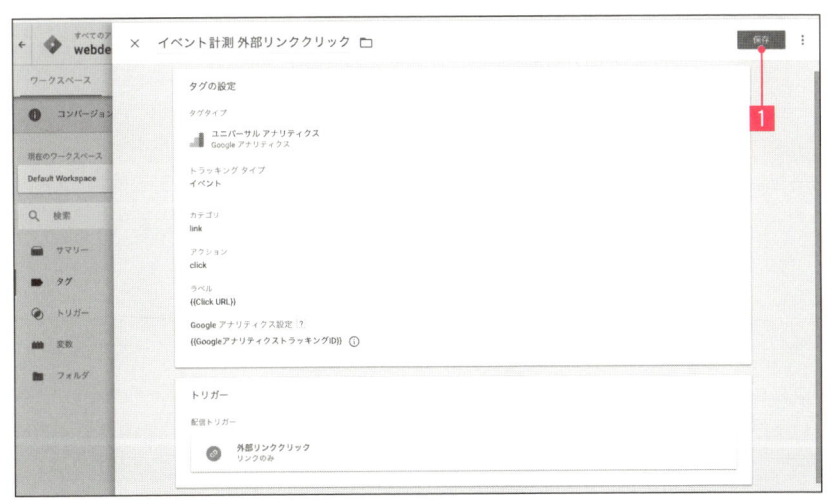

⓬ 計測結果は、Googleアナリティクスのメニューから[イベント]（**1**）→[上位の
イベント]（**2**）の順にクリックし、[イベントラベル]（**3**）をクリックすると確認で
きます。

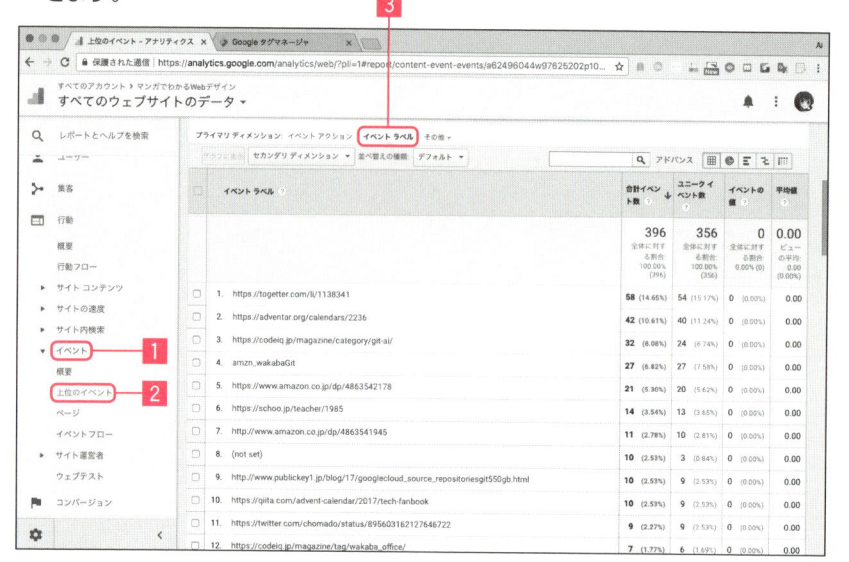

すごい！　これで、ユーザーがどの外部リンクをクリックしているの
か丸わかりだね!

CHAPTER 5

集客を強化したい

「参照元」をヒントにして集客数を増やそう

📝 将来有望な参照元を発掘せよ

あなたのWebサイトに流入してきているユーザーは、どこから来たのでしょうか?

- Google や Yahoo といった検索エンジンから
- Twitter や Facebook から
- Web広告から
- ニュースサイトから
- 個人ブログから

こういった「どこから来たか」という情報のことを参照元といいます。

今からやる方法でGoogleアナリティクスをチェックすれば、上記のマンガのように意外な参照元からの訪問を発見できるかもしれません。

成長する見込みのある参照元を発見し、適切な施策を打つことで、毎月コンスタントに、より多くの質の良い流入を得られるようになります。

成長する見込みのある参照元は、次のようになります。

- 抜きん出て流入数が多く、さらに拡大が見込める参照元
- 流入数は少ないが、コンバージョン率が高い参照元

施策例は次の通りです。

- ある個人ブログからの流入が抜きん出て多い。さらに拡大したい。
  - → 個人ブログの管理人に、有償で記事を書いてもらえないか連絡してみるのはどうか。
- Twitterからは、流入数は少ないがコンバージョン率が他と比べて高い。
  - → Twitterは1日1〜2回しかつぶやいていなかったが、それを1日5回以上に増やせば、コンバージョン率の高い流入が増やせるのではないか。

 **少し手を入れるだけでもっと伸びる参照元**が見つかるかも!

参照元の調べ方

さっそく、あなたのサイトの参照元も調べてみましょう。

❶ Googleアナリティクスのメニューから[集客](**1**)→[すべてのトラフィック]
(**2**)→[参照元/メディア](**3**)の順にクリックします。

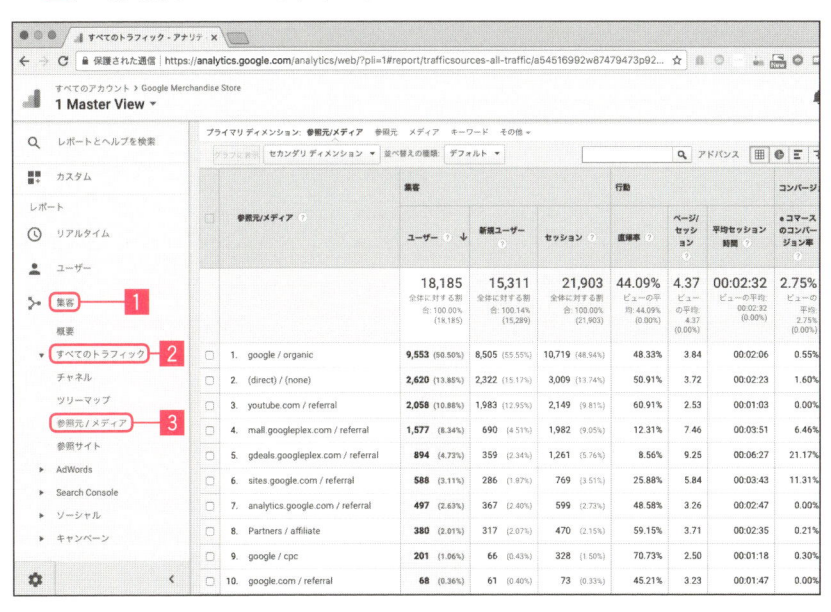

❷ デフォルトではユーザー数が多い順に並んでいますが、項目のタイトルをクリックすることで、並び替えることができます。たとえば、[新規ユーザー]（**1**）をクリックすると、このように新規ユーザー数が多い順に並び変わります。

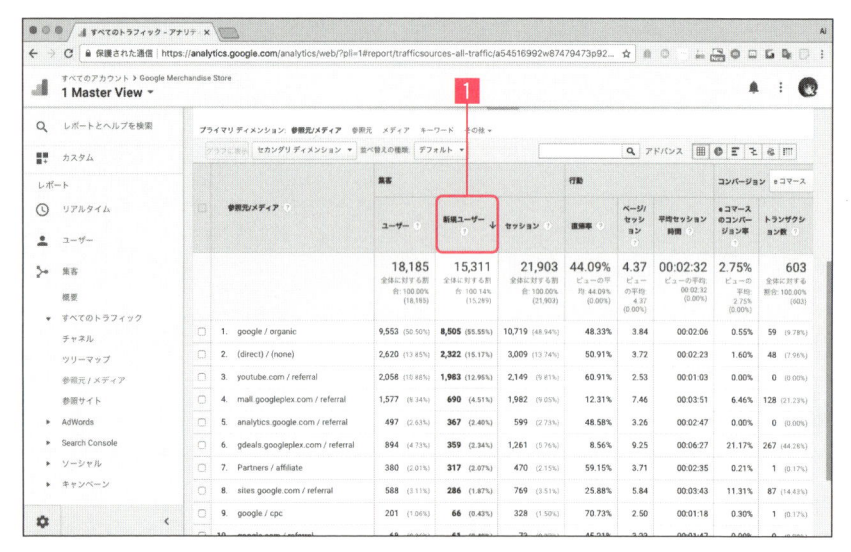

行数をもっと増やしたい場合は、ページ下部のプルダウンから変えられるよ。

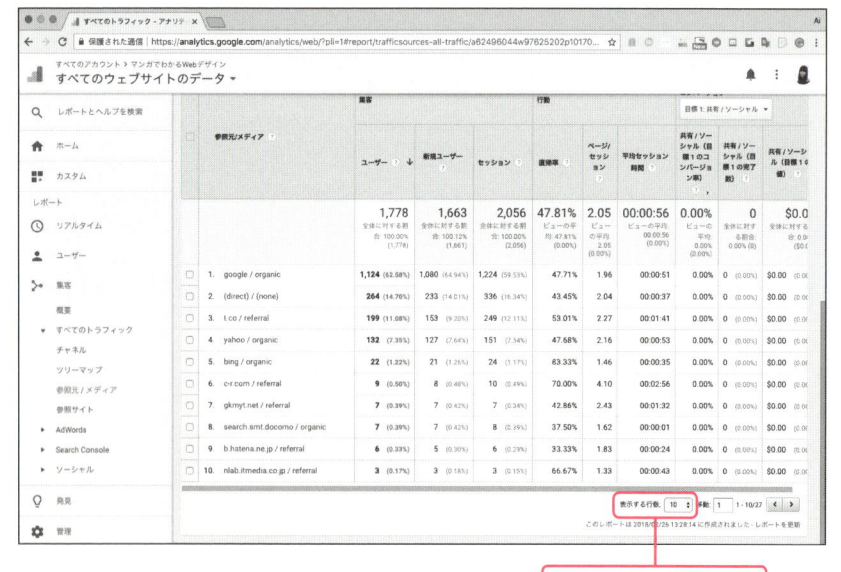

ここで行数を変更できる

❸ 次は、URLごとに参照元をチェックしてみたいと思います。メニューから[集客]（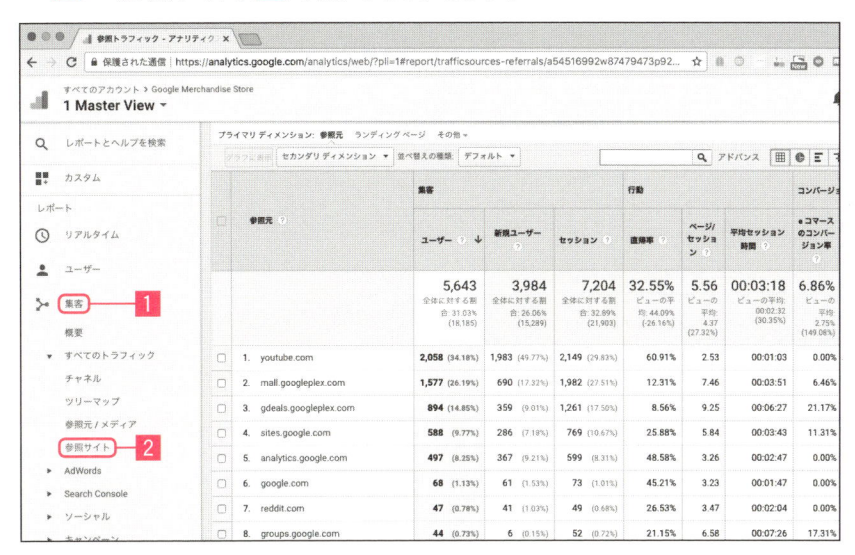1）→［参照サイト］（2）の順にクリックします。

❹ はてなブックマーク（b.hatena.ne.jp）から流入しているようですね。クリックして詳細を見てみましょう（1）。

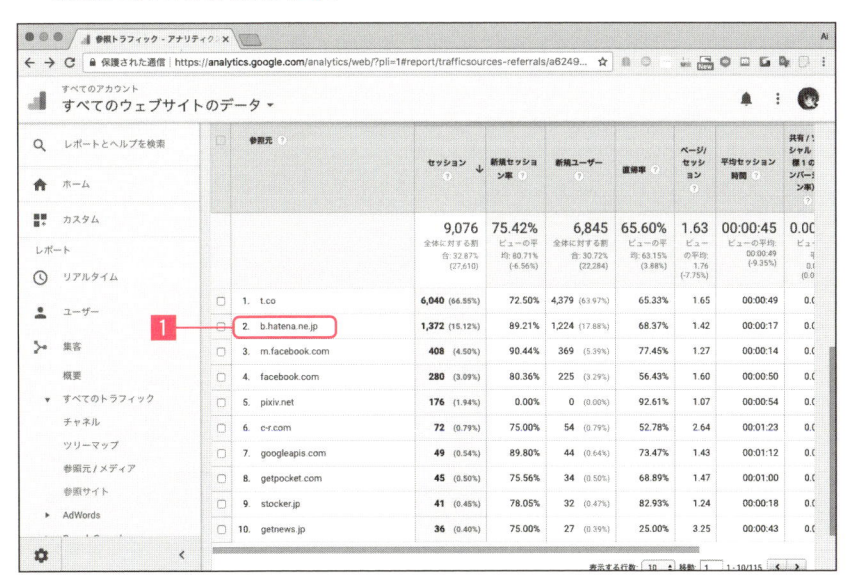

❺ URL一覧が表示されました。URLの横の小さな矢印（■1）をクリックします。

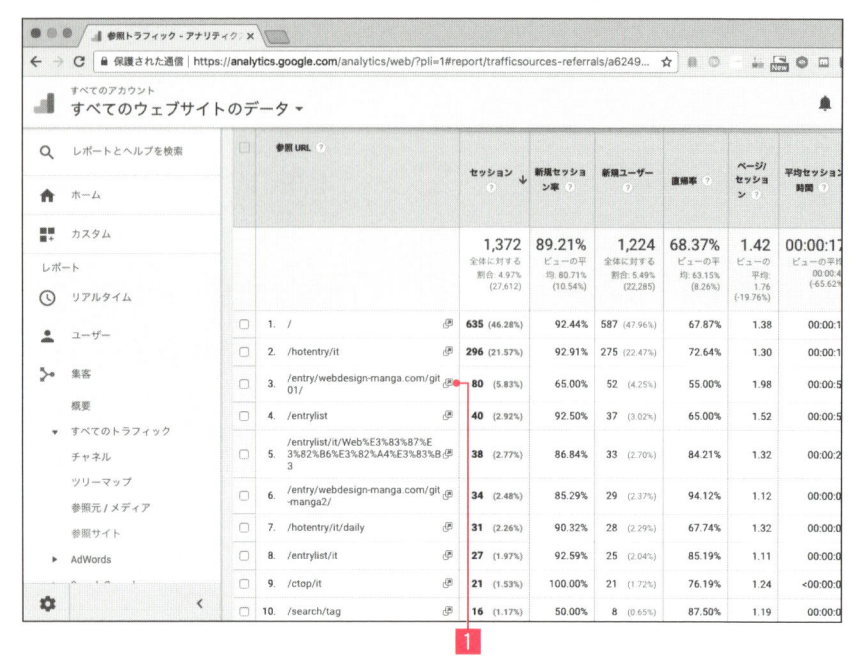

❻ すると、実際のWebページが開きます。

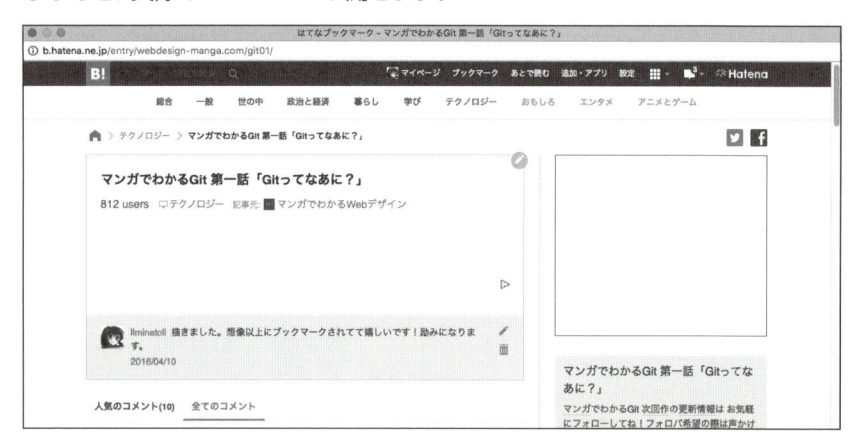

これで、ユーザーがどんなページを見て自分のサイトにやってきたのかがわかるね!

「(direct)/(none)」って何?

「参照元/メディア」のレポートを見ると、「(direct)/(none)」という表示が目につきますね。これは「直接訪問」という意味です。

「(direct)/(none)」として計測されるのは、次のようなケースです。

- URLの直接入力
- お気に入りブックマークからの訪問
- LINE@などのアプリからの訪問
- メールマガジンからの訪問

Googleアナリティクスが参照元情報を取得できなかった場合も、「(direct)/(none)」と表記されます。

有望な参照元かどうかの判断

流入数が多くてコンバージョン率も高いのが、一番の理想。

「だけど、そんな参照元、そうそうないよ!」

その気持ち、わかります。

そこで、次のような考え方をしてみましょう。

	流入数（多）	流入数（少）
コンバージョン率（高）	◎	△
コンバージョン率（低）	△	×

△マークの部分に注目してみましょう。

- 流入数は多いが、コンバージョン率が低い
- 流入数は少ないが、コンバージョン率は高い

流入数かコンバージョン率、そのどちらかが欠損している状態です。この不完全さこそが有望な参照元です。

というのも、どちらか一方はうまくいっている状態なので、あとは足りない部分を補うだけでよいからです。

△マークの部分を育てて◎マークの領域に近づけていくってことですね!

小さな成功パターンを見つけることで、成功を繰り返せるようになるわけだ。

うんうん。それがアクセス解析をするメリットだって、CHAPTER 1でも学びましたね。

それにしてもニュースリリースにこんなに効果があったとは。月1回と言わず、週1回打ちたいですね!

それに、「B子のとっておきブログ」さん。商品の使用感をつづったブログから、たくさんの人が流入しています。

過去のデータを見るに、ここからの流入数は、1記事あたり月1000UU見込めます。こちらから管理人さんに連絡して「かかとツルツルヘチマ」の記事を書いてもらえないか交渉してみます!

検索エンジンからの流入を最適化する

ウチのサイトに、どんなキーワードで流入しているの?

　ユーザーは、どのようなキーワードで検索してあなたのサイトに訪れているのでしょうか?　まずは現状を見てみましょう。

　メニューから[集客]→[キャンペーン]→[オーガニック検索キーワード]の順にクリックします。

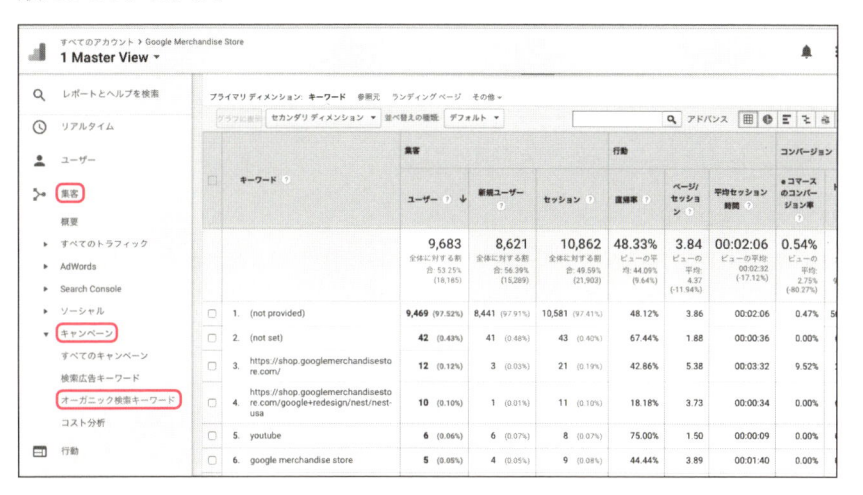

あれれ?　この「(not provided)」っていうキーワードから来たユーザーがほとんどですよ?

あぁ、それはセキュリティ上の観点から**検索エンジンのSSL化により、中身が見られないキーワード**だよ。

その下にある「（not set）」っていうのは何ですか？

「（not set）」は、**原因不明で、Googleアナリティクスが取得できなかったキーワード**だよ。まれに、Googleのシステム間でデータが引き継げないことがある。その場合、「原因不明で取得できませんでした」という意味で「（not set）」と表示されるんだ。

- **(not provided)**………検索エンジンのSSL化により、中身を見ることができなかったもの
- **(not set)**………………原因不明でキーワードを取得できなかったもの

うーん、困ったなぁ。「（not set）」は数が少ないからいいとして、「（not provided）」は、実際にはどんなキーワードで検索されてきたんだろう？

「（not provided）」の中身が知りたい！　対策法は？

現在、「（not provided）」の中身を完全に知る方法はありませんが、Googleサーチコンソールというツールを連携させることで、ある程度、カバーすることができます。

🖌 Googleサーチコンソールとの連携

GoogleアナリティクスとGoogleサーチコンソールを連携するには、次のように操作します。

❶ Googleアナリティクスのメニューから[集客]（**1**）→[Search Console]（**2**）→[検索クエリ]（**3**）の順にクリックします。まだGoogleサーチコンソールとの連携をしていない場合は、次のような表示が出ます。[Search Consoleのデータ共有を設定]ボタン（**4**）をクリックします。デモアカウントを使っている方・サーチコンソール連携済の方は、レポート画面が表示されていると思いますので、177ページのステップ「検索クエリの見方」へ進んでください。

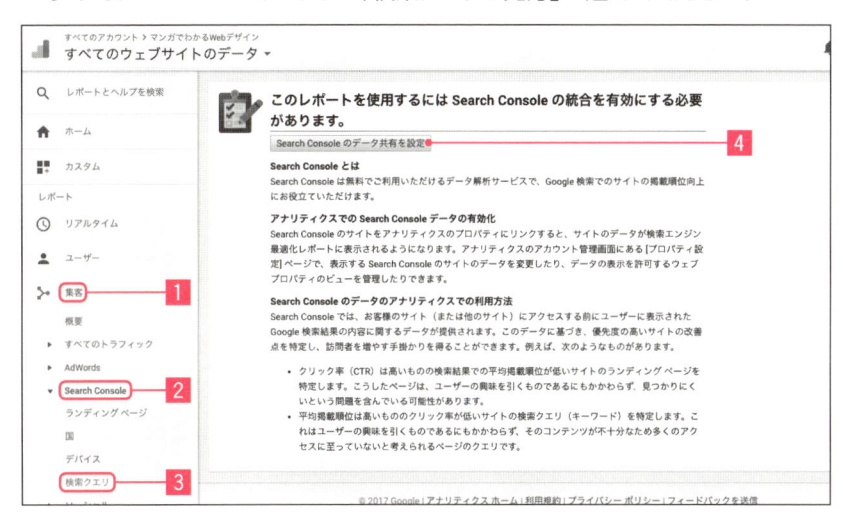

❷ ボタンクリック後、プロパティ設定の画面になります。下にスクロールして[Search Consoleを調整]ボタン（**1**）をクリックします。

5 集客を強化したい

175

❸ [追加] (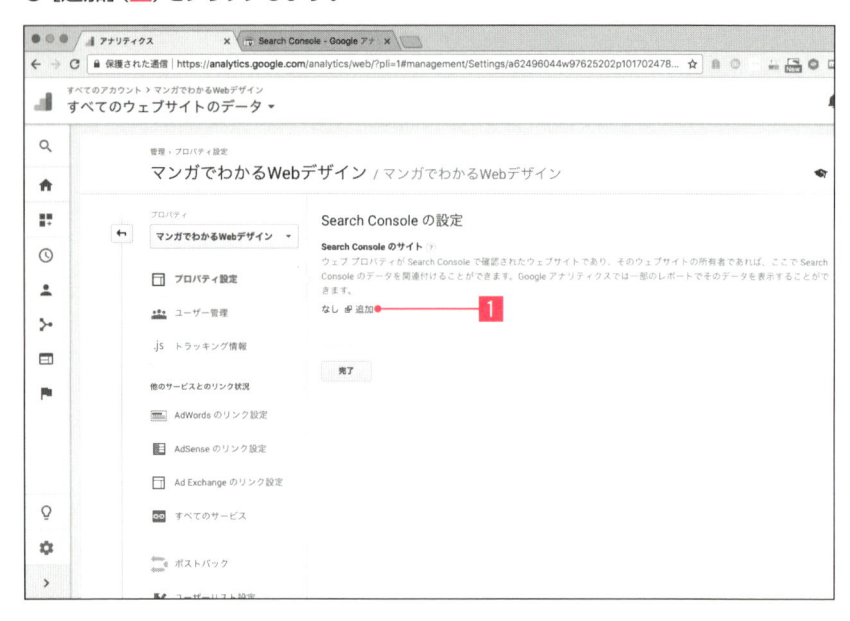1)をクリックします。

❹ すでにサーチコンソールに自分のサイトを登録済の場合は、該当のサイトをク
リックして、[保存] ボタン(1)をクリックします。サーチコンソールに登録して
いない場合は、[Search Consoleにサイトを追加] ボタン(2)をクリックし、
サーチコンソール上でのWebサイトの登録を行います。

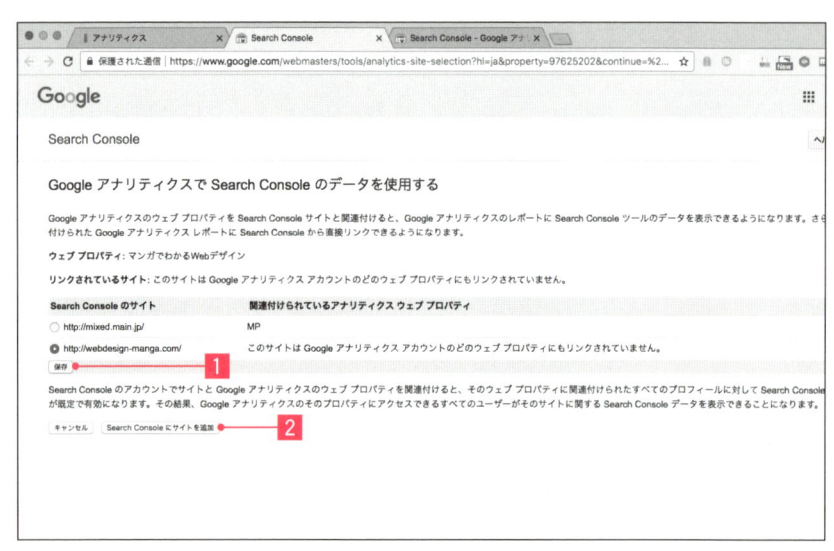

❺ これで、サーチコンソールとの連携は完了です。もう一度、[集客]（■）→[Search Console]（②）→[検索クエリ]（③）を見てみましょう。こんな感じで検索キーワードが表示されれば成功です。

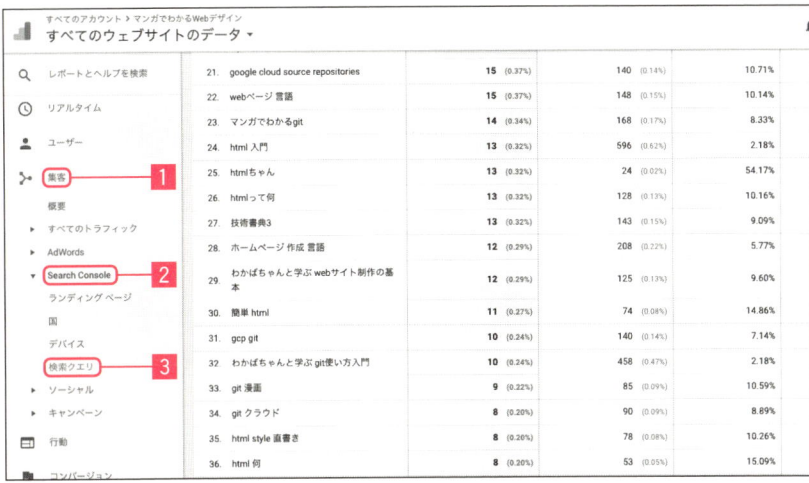

連携した直後だと、データが溜まっていないことがあるよ。数日後に見てみてね。

📋 検索クエリの見方

検索クエリの見方を説明しましょう。検索クエリは[集客]→[Search Console]→[検索クエリ]の画面です。

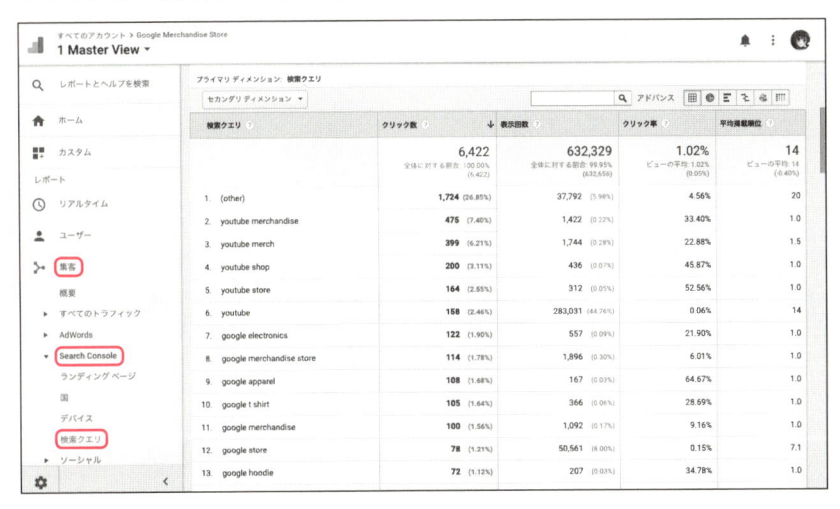

各項目の見方は次のとおりです。

項目名	意味
検索クエリ	ユーザーが検索したキーワード
クリック数	検索結果の中から、あなたのサイトがクリックされた数
表示回数	あなたのサイトのURLが、検索結果ページに表示された数。インプレッション数とも呼ぶ
クリック率	クリック数÷インプレッション数
平均掲載順位	そのキーワードで検索したとき、ユーザーから見てあなたのサイトが何番目に表示されているかという数

ちなみに、検索クエリの一覧に表示されている「（other）」っていうのは、その名のとおり「その他をまとめたもの」だよ。値のバリエーションが膨大になると、それらが1つにまとめて表示されるんだ。

円グラフで割合が少なすぎるものって「その他 5％」みたいにまとめられてるのを見たことがあるけど、あのイメージですね。

　ページ下部のプルダウンから表示行数を100程度に設定することで、キーワード全体を俯瞰できます。

ここで行数を変更できる

✍ クリック率の目安

「ウチのサイト、検索順位3位でクリック率が5%なんだけど、それって妥当なの?」

そんな疑問を持つ方は多いのではないでしょうか?

そんなときに参考になる目安がこちらです。

▼ 検索順位別クリック率

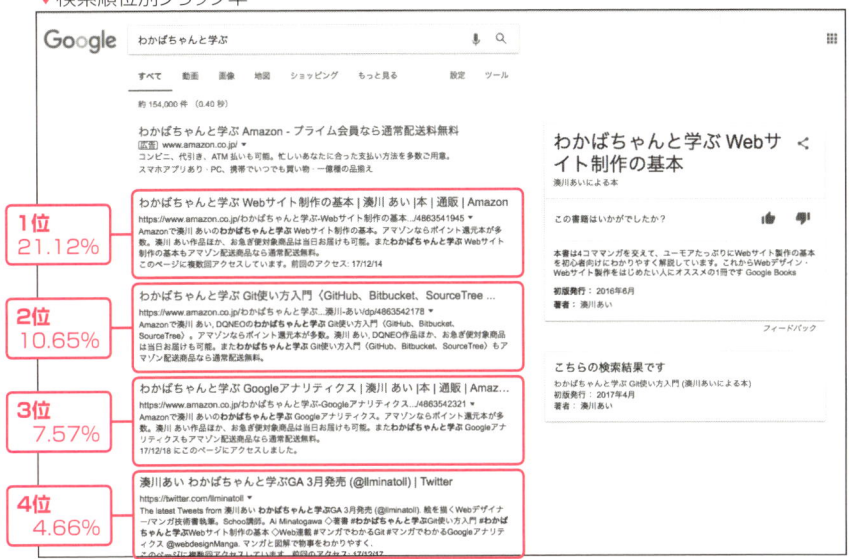

順位	クリック率	順位	クリック率
1位	21.12%	6位	2.56%
2位	10.65%	7位	2.69%
3位	7.57%	8位	1.74%
4位	4.66%	9位	1.74%
5位	3.42%	10位	1.64%

(2017年8月時点 Internet Marketing Ninjas調べ)

なるほど。検索順位3位でクリック率が5%だと、少しクリック率が低いといえますね。これは改善が必要そうです。

そのとおりだね。こうやって「改善すべきかどうか」を判断できるんだ。

179

🖌 もっと検索エンジンからの流入を増やしたい！　改善パターン3つ

　Googleサーチコンソールを連携させたことによって次のことがわかるようになりました。

- 平均掲載順位
- クリック率

　この2つの要素の関係性から、3パターンの改善策を導き出せます。

◆ A：平均掲載順位が高く、表示回数も多いのにクリック率が低い場合

　タイトルやディスクリプション（Webページの説明文）に問題がある可能性があります。キーワードに対して最適化したタイトル・ディスクリプションに修正しましょう。

◆ B：平均掲載順位が低い割には、クリック率が高い場合

　タイトル・ディスクリプションが検索者が求めているものに近いので、頻繁にクリックされているようです。掲載順位を上げることで、より流入が見込めそうです。さらにコンテンツを充実させるなどして掲載順位を上げていきましょう。

◆ C：平均掲載順位も低く、クリック率も低い場合

　次のことを行い、まずは掲載順位を上げていきましょう。

- コンテンツの数をもっと増やして充実させる
- サイト構成の見直し

サーチコンソールのおかげで、今まで見えなかった数値が見れて、検索エンジンからの流入施策を考えやすくなったね。

COLUMN 「キーワードボリューム×平均掲載順位」で、検索エンジンからの流入を予測する

 「かかと ガサガサ」で、自社サイトは現在20位以下。順位が低くてほとんどクリックされていない状態です。ここから3位を目指して、コンテンツを充実させようと思います！

 ふーん……。それ、3位になったら1カ月あたりどれくらい流入が得られそうなの？

 えぇっ、そんなの**やってみなきゃわからない**ですよ。

 厳しいことをいうようだけど、**見込み数値すらないんじゃ、いくらコンテンツ作ったってムダ**だよ。

 うっ。確かに。

 見込み数値があってはじめて、リソースを割くべきかどうか決められるんだ。さらに、先に数値で仮説を立てておくことで、施策を打ったあとも成功/失敗が判断しやすくなる。

 なるほど……。あっ、これってPDCAサイクルの「Plan」の話ですね。

　「仮にこのキーワードで平均掲載順位1位になったら、ひと月でどれくらい流入することになるんだろう？」

　あくまでも概算ですが、検索エンジンからの流入を予測する方法があります。それが次の式です。

> 検索ボリューム × 平均掲載順位のクリック率 =
> 　　　　　　　　　　検索エンジンからの流入

　検索ボリュームというのは、簡単にいうと「検索回数」です。たとえば、「ケーキ 食べ放題」というキーワードで合計1万回検索されていたら、「ケーキ 食べ放題」の月間検索ボリュームは10,000ですと言い表します。

◆検索ボリュームの調べ方

任意のキーワードの検索ボリュームを調べるには、Googleアドワーズのキーワードプランナーというツールを使います。

❶ Googleアドワーズキーワードプランナー（下記URL）にログインします（**1**）。

URL https://adwords.google.co.jp/KeywordPlanner

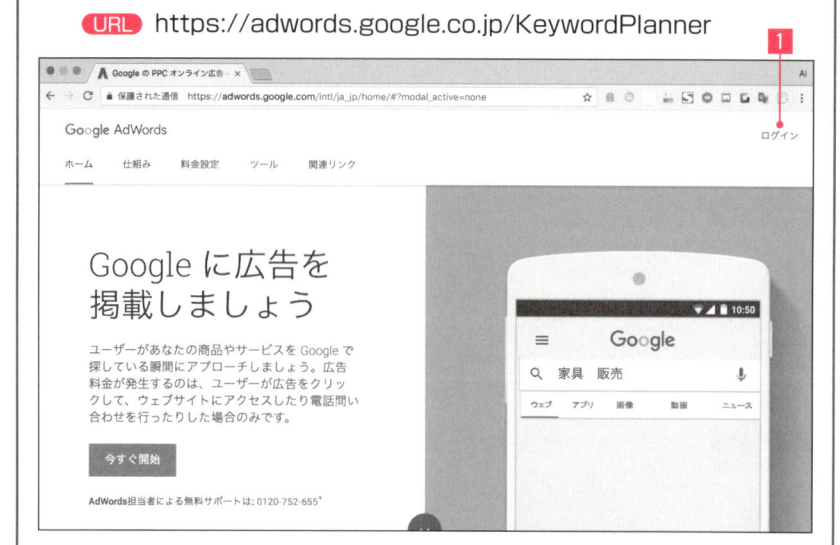

❷ ［検索ボリュームと傾向を取得］（**1**）をクリックします。

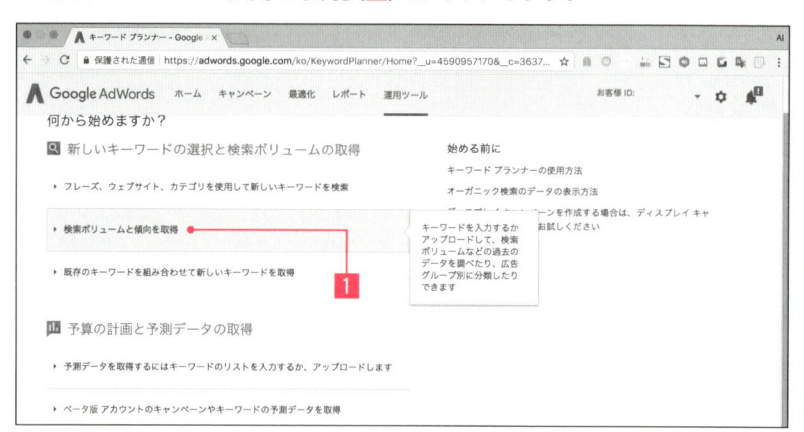

❸ 検索ボリュームを知りたいキーワードを「宣伝する商品やサービス」欄（**1**）に書き込みます。複数のワードを調べたいときは、カンマで区切ります。［ターゲット設定］（**2**）を「日本」にして、［候補を取得］ボタン（**3**）をクリックします。

❹ キーワードごとに月間平均検索ボリュームが表示されます。なお、Google アドワーズで広告を出していなかったり、支払っている広告費が少ない場合は、おおまかなデータ(例:100〜1000)しか確認できません。

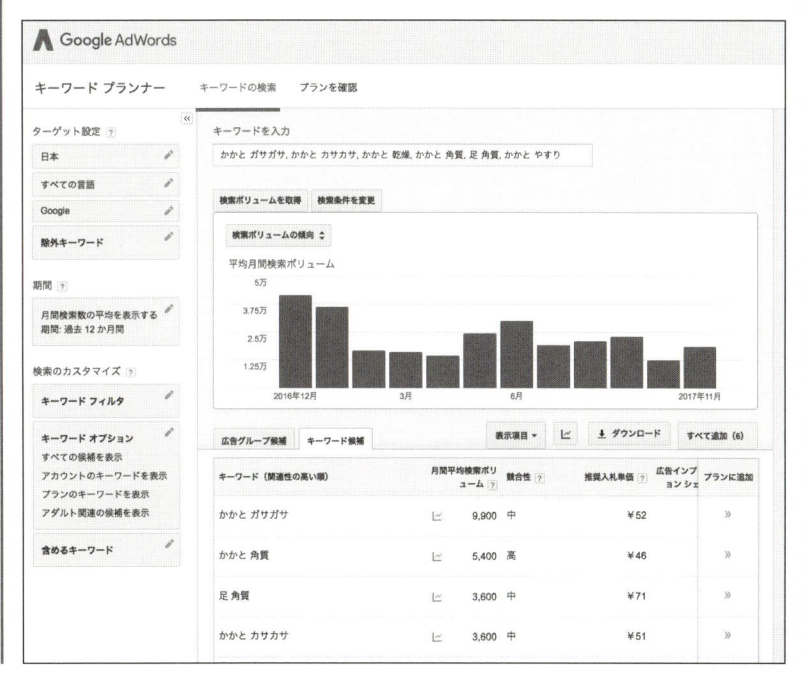

おお〜。「かかと ガサガサ」は1カ月で9,900回、「かかと 角質」は1カ月で5,400回検索されているのかぁ。

ふむ、これは驚いた。思っていたよりも検索ボリュームが大きいな。

これで、さっきの式を使えば見込み数値が出るってわけですね。平均掲載順位が仮に3位になったとして、その場合クリック率は7.57%になるはずだから、「検索ボリューム × 平均掲載順位のクリック率 ＝ 検索エンジンからの流入」の式にあてはめてみると……。

$$9{,}900 \times 7.57\% = 749.43$$

よし、出ました！　「かかと がさがさ」で平均掲載順位3位になれば、1カ月あたり約750クリック分、毎月流入してくる見込みです！

いいね！　さらに「かかと 角質」「かかと カサカサ」も狙えそうだ。これ、本部長にも伝えてみてよ。きっとすぐGOサインがもらえるんじゃないかな。

SNSの貢献度を
チェックしよう

🖋 SNSの貢献度をチェックする方法

　まず、あなたのWebサイトにはどのソーシャルメディアからの流入が多い
のかチェックしてみましょう。

❶ メニューから[集客]（**1**）→[ソーシャル]（**2**）→[参照元ソーシャルネットワーク]
　（**3**）の順にクリックします。セッション数が多い順に、各SNSが表示されます。

❷ SNSからやってきた人がどれくらいコンバージョンにつながっているかは、[集客]（**1**）→[ソーシャル]（**2**）の中の[コンバージョン]（**3**）から閲覧できます。

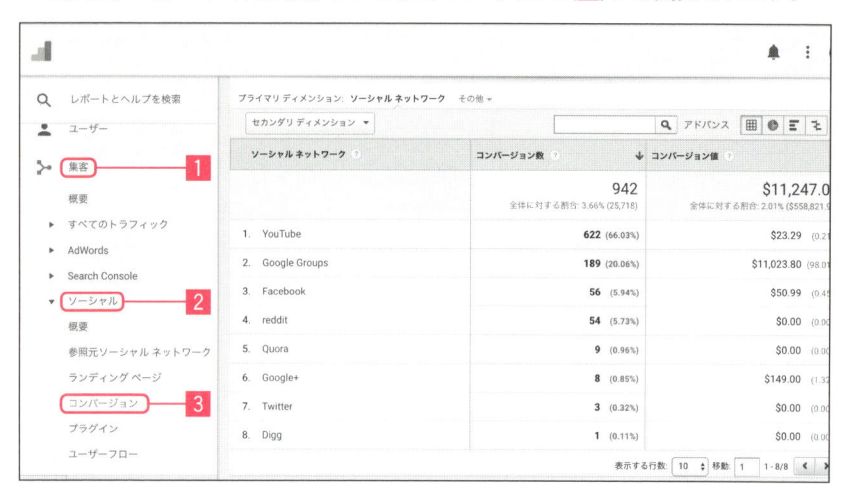

 どれだけつぶやいたり拡散されていても、コンバージョンにつながっていないと意味ないもんね。

❸ さらにセカンダリディメンションで詳しく分析してみましょう。[セカンダリディメンション]→[集客]→[ランディングページのURLパス]（**1**）をクリックします。SNSから来てコンバージョンしたユーザーが、最初に訪れたのはどのページなのかがわかります。

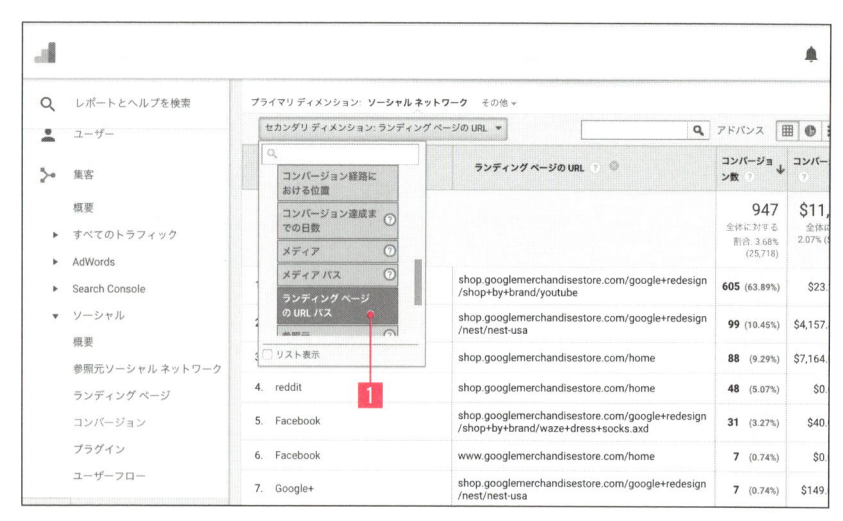

各SNSには特性があるから、1つの方法に固執しすぎず、まずは広く浅く試してみて、そのあと、実際に効果があった方法に集中していくと効率的だね。

ふむふむ。**効果があったパターンはもっと拡大していけばいいし、効果がないパターンは改善するか、運用に使う時間を縮小していけばいい**ってことですね。

SNSのクリック率を上げるためにOGPを設定しよう

OGPとは「Open Graph protocol」の略で、SNSでWebサイトがシェアされたときに、サムネイル画像や説明文を表示させる仕組みのことです。

▼OGPが設定されている場合

▼設定されていない場合

写真が表示されている方が、断然目を引くね!

◆ OGPの設定方法

OGPを設定するには、下記のサンプルコードのようにしてください。

- htmlタグにprefix属性を指定する
- metaタグに必要事項を記入する

▼OGPの設定サンプル　　　　　　　　　　　　　　**SOURCE CODE**

```html
<html prefix="og: http://ogp.me/ns#">
<head>
<title>ページタイトル</title>
// 共通項目
<meta property="og:title" content="ページタイトル" />
<meta property="og:type" content="ページタイプ" />
<meta property="og:url" content="ページURL" />
<meta property="og:image" content="サムネイル画像URL" />
<meta property="og:site_name"  content="サイト名" />
<meta property="og:description" content="ページ説明文" />

<!-- Facebook用 -->
<meta property="fb:app_id" content="App ID" />
<meta property="article:publisher" content="FacebookページのURL" />

<!-- Twitter用 -->
<meta name="twitter:card"
  content="Twitterカードの種類(例 :summary_large_image)" />
<meta name="twitter:site" content="@TwitterアカウントID" />
<meta name="twitter:title" content="ページのタイトル" />
<meta name="twitter:url" content="ページのURL" />
<meta name="twitter:description" content="ページ説明文" />
<meta name="twitter:image" content="サムネイル画像URL" />

// ... 省略 ...
</head>
// ... 省略 ...
</html>
```

「<head>って何?」という方は、『わかばちゃんと学ぶ Webサイト制作の基本』のCHAPTER 3を見てみてね。

デバッガーで表示確認しよう

OGPのソースコードを追加後、Webサイトを公開したら、OGPが正常に表示できるか確認しましょう。

◆ Facebookでの表示の確認

FacebookでOGPが正常に表示できるか確認するには、「Facebookシェアデバッガー」を使います（Facebookアカウントでのログインが必要です）。

- ● Facebookシェアデバッガー

  URL https://developers.facebook.com/tools/debug/

WebサイトのURLをペーストし、[デバッグ]→[新しい情報を取得]をクリックすると、Facebookでシェアされたときのプレビューが表示されます。

サムネイル画像が表示されない場合は[もう一度スクレイピング]をクリックすると取得できることがあるので試してみてください。

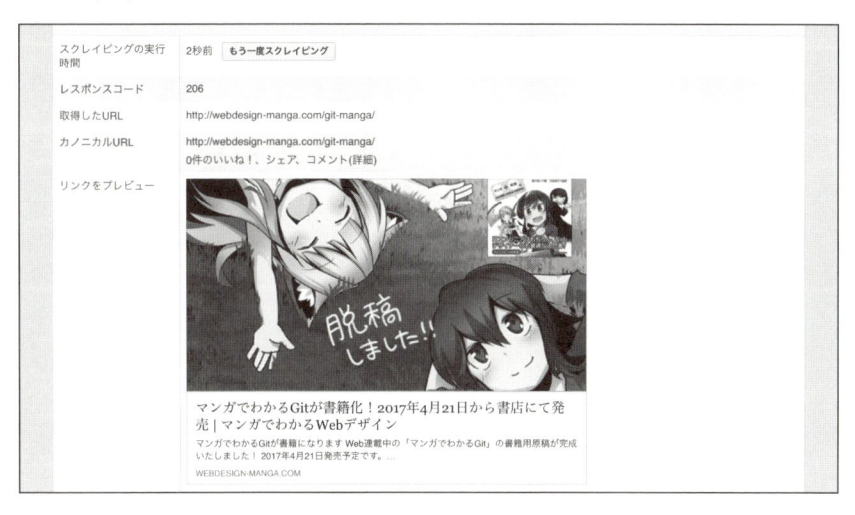

◆Twitterでの表示の確認

TwitterでOGPが正常に表示できるか確認するには、「Twitter Card validator」を使います（Twitterアカウントでのログインが必要です）。

- ●Twitter Card validator

  URL https://cards-dev.twitter.com/validator

WebサイトのURLをペーストし、[Preview card] をクリックすると、Twitterでシェアされたときのプレビューが表示されます。

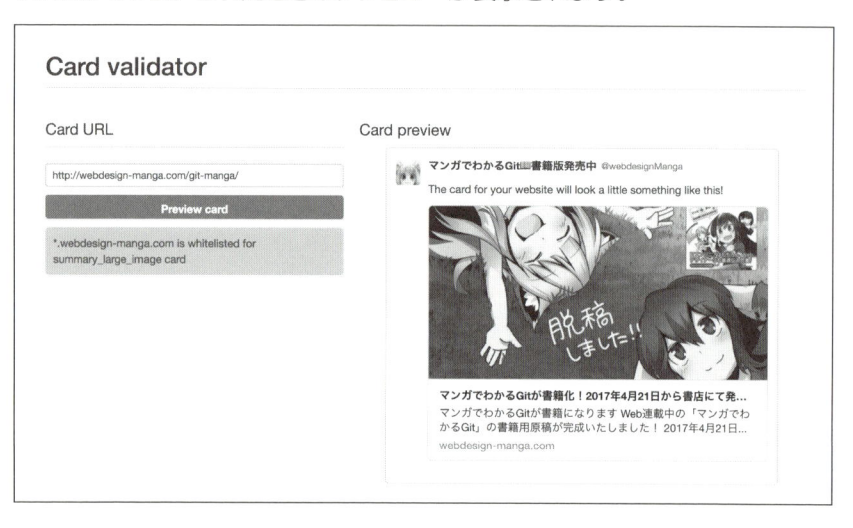

キャンペーンの効果を チェックしよう

今日の
インターンシップも
完了っと…

うーん

そういえば

ゼミのメンバーに
最近会ってないなぁ

HA HA HA HA

帰りに
寄ってみるか
……

いや～
来ると
思ってたよ

ど ん

なんですか
その顔は

で？
調子はどう？

別に……
順調ですケド

本当に？

……

実は、集客を増やすために
メールとLINE@で
セールの告知をしてみたいなって

でも効果を測る方法が
なさそうで困ってて…

direct/noneに
なっちゃうし…

あ～ それなら

Campaign URL Builder
使えばいいんじゃね？

きゃんぺーんURL
びるだー？？

Campaign URL Builderでキャンペーン用URLを生成しよう

Googleが提供しているツール「Campaign URL Builder」を使うと、簡単にキャンペーン用URLが作成できます。キャンペーンURLの作り方は次のとおりです。

❶「Campaign URL Builder」と検索して、次のサイトを開きましょう。

URL https://ga-dev-tools.appspot.com/campaign-url-builder/

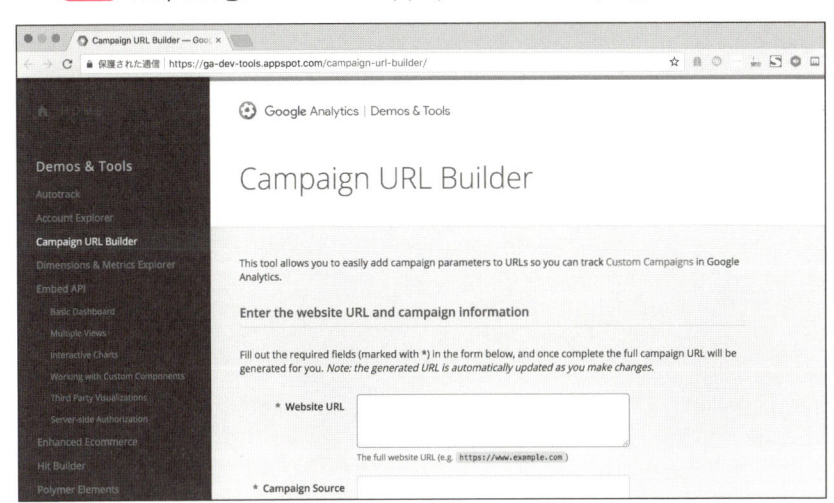

❷ キャンペーン情報を入力します（**1**）。すべての項目を設定する必要はありません。分析に必要なものだけ設定しましょう。

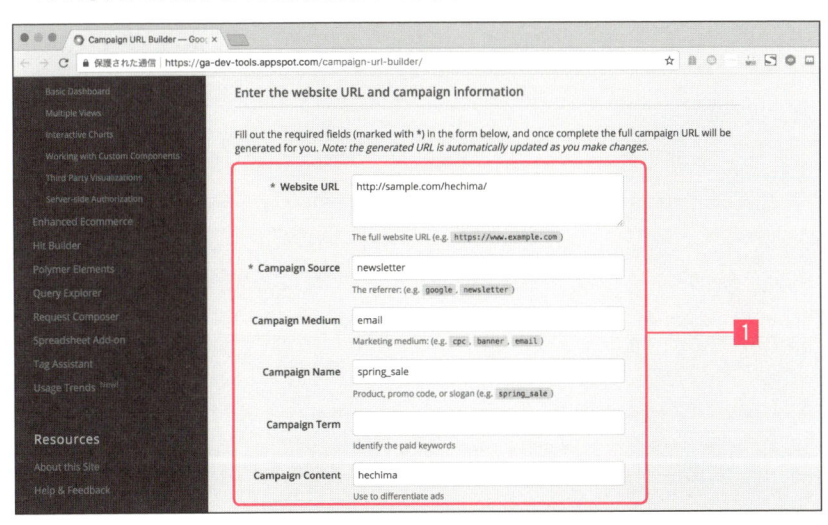

キャンペーンURLをユーザーがクリックしたとき、設定した情報が Googleアナリティクスに送られるんだ。

項目	対応するGoogle アナリティクスレポート	意味	入力例
Website URL（必須）	URL	URL	http://sample.com/hechima/
Campaign Source（必須）	参照元	どのサイト・経路からアクセスされたか	newsletter
Campaign Medium	メディア	媒体	email
Campaign Name	キャンペーン	キャンペーン名	spring_sale
Campaign Term	キーワード	リスティング広告のキーワード・キーワードグループを判別したい場合に使用	kakato01
Campaign Content	広告のコンテンツ	広告・投稿の種類の判別や、ランディングページが複数ある場合の判別に使用	hechima

❸ 下にスクロールすると、URLが生成されています（**1**）。メールや告知にこのURLを使うことで、アナリティクス側でキャンペーンの効果を分析できるようになります。

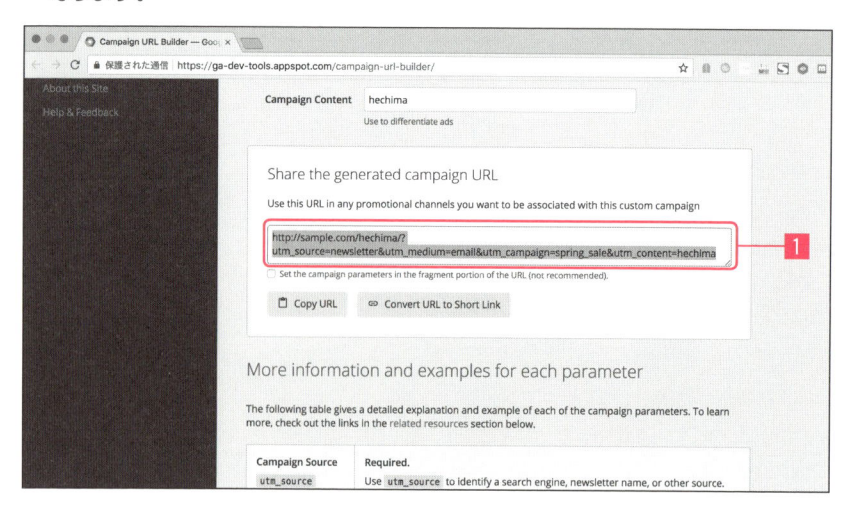

◆ 短縮URLにしたいときは？

[Convert URL to Short Link]ボタンをクリックすれば、URLを短縮できます。

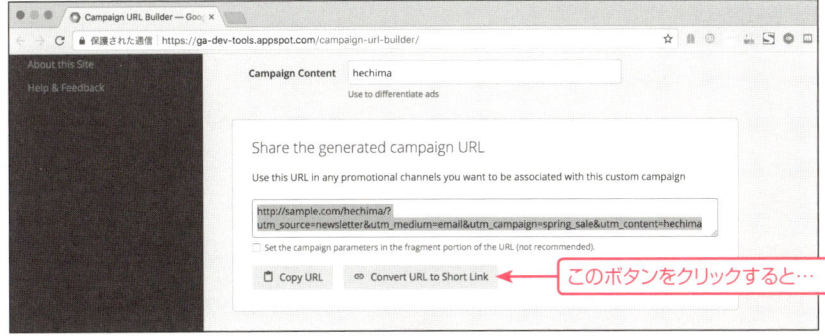

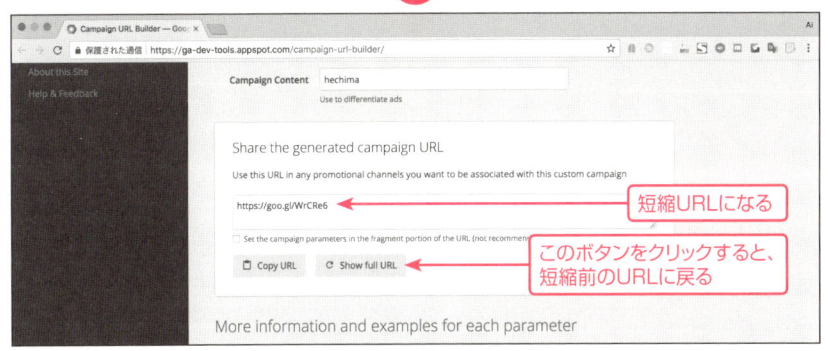

▼短縮前

```
http://sample.com/hechima/?utm_source=newsletter&utm_medium=email&utm_
campaign=spring_sale&utm_content=hechima
```

▼短縮後

```
https://goo.gl/WrCRe6
```

 短縮した場合でも、通常のURLと同様、正確に計測できるぞ。

 「メルマガ用のURLだから、むやみに長くなってクリックされにくくなるのは嫌」なんて場合に便利だね！

5
集客を強化したい

告知結果の確認方法

　キャンペーンの結果は、［集客］→［キャンペーン］→［すべてのキャンペーン］から確認できます。

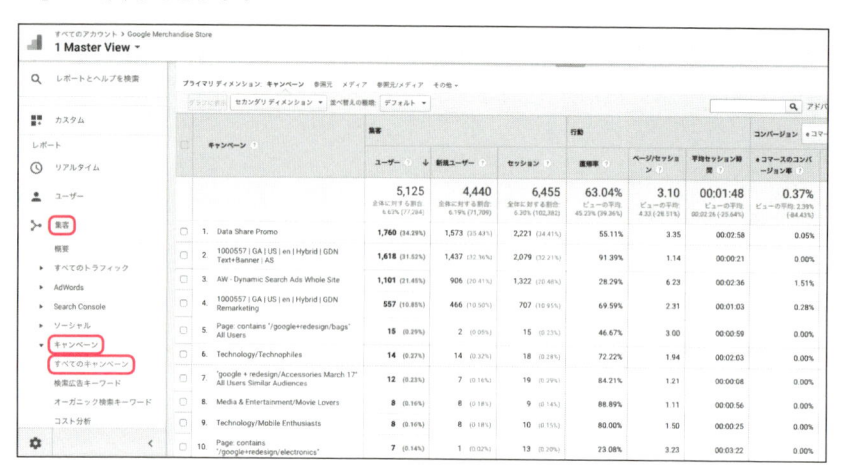

コンバージョン率の高い「キャンペーン + 参照元」の組み合わせを見つけよう

　先ほどの画面のまま、［セカンダリ ディメンション］から［参照元］を選びます。そのままだとユーザー数が多い順に並んでいます。

　そこで、表の中の［eコマースのコンバージョン率］をクリックしてみましょう。コンバージョン率が高い順に並びかえることができます。

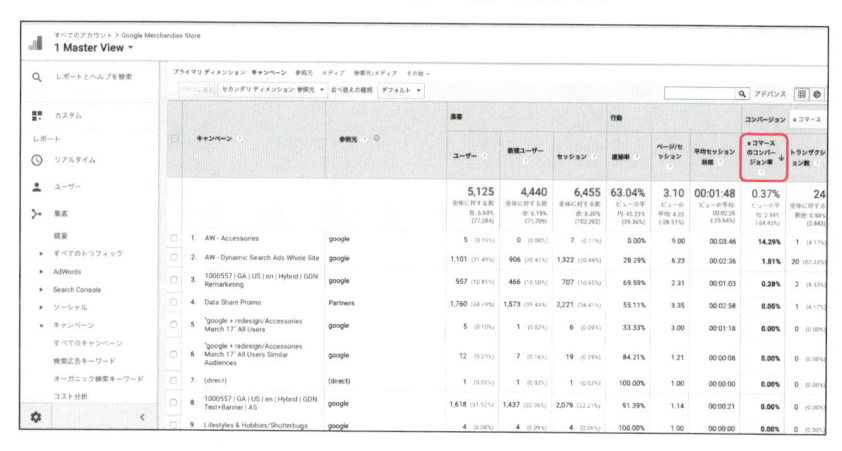

なお、eコマースのコンバージョン率は、設定をしてないと表示されません。設定をしていない場合は、[eコマース]となっている部分をクリックして目標を切り替える必要があります。

おおっ、コンバージョン率がすごく高いキャンペーンを発見したよ！この方法でもっと告知を増やせば、さらに売上が上がりそう！

キャンペーンURLを与えることで、こうして**本来なら「（direct）/（none）」として計測されてしまう訪問**も**分析できるようになる**のだ。素晴らしいだろう。

5

集客を強化したい

5
集客を強化したい

あっ
そろそろ
スーパーの特売が
始まっちゃう！

お先に
失礼しまーす

ばっ

おー

しかし
驚いたな…

5
集客を強化したい

わかばくんの
インターンシップ先が

ファントム・グレイ
代表取締役社長
平米二

まさか
私のいとこの
会社だったとは

SECTION 26 リスティング広告の効果をチェックしよう

Panel content:

- 集客数アップのためにリスティング広告を出したよ
- かかとのガサガサ、天然素材でツルツルに！ 広告 sample.com/ ▼ 天然素材のヘチマで、なめらかなかかとに。乾燥・ひび割れが気になるあなたに、自宅で簡単、角質ケア
- これで千客万来ね！
- 広告費は1週間で5000円かかってるみたいね
- 効果はどう？
- そりゃもちろん効果あるはずです
- バッ
- あんなにいっぱい広告打ったんですから!!
- えぇぇぇぇ
- 効果検証してないの!?
- それ、毎週5000円ドブに捨ててるのと一緒よ!?
- ドブーン
- 本部長、顔が・・・

リスティング広告って、そもそもどんなモノ？

「リスティング広告って、具体的にどんなものなの？」

確かに、最初はイメージがしにくいですよね。では具体例を見てみましょう。

▼これがリスティング広告だ！

かかとのガサガサ、天然素材でツルツルに！

[広告] sample.com/ ▼

天然素材のヘチマで、なめらかな**かかと**に。

乾燥・ひび割れが気になるあなたに、自宅で簡単、角質ケア！ ただいま送料無料期間中

検索エンジンで調べ物をしていて、このような表示を見たことはありませんか？　これは、Googleアドワーズというサービスで出されたリスティング広告です。広告がクリックされるたびに、広告主からGoogleへ広告料が支払われます。

広告をクリックした一般ユーザー自身は、何も支払わなくていいので安心してくださいね。1クリックあたりの金額は、キーワードによってさまざまで、人気のあるキーワードだと1クリックあたり8000円近くの値がついていたりします。もちろん、高い広告料を支払うほど、ページの上の方に載せてもらいやすくなります。

Web広告は他にもいろいろな種類がありますが、今回はGoogleアドワーズの「リスティング広告」にフォーカスして解説します。

コンバージョンタグを手作業で管理するのは大変

リスティング広告の効果測定をするには、コンバージョンタグ（計測用コード）を、Webページに埋め込む必要があります。コンバージョンタグは、Googleアドワーズで広告を配信するともらえます。

▼これがコンバージョンタグだ！　**SOURCE CODE**

```
<!-- Event snippet for Adwords conversion page
In your html page, add the snippet and call gtag_report_conversion when
someone clicks on the chosen link or button. -->
<script>
function gtag_report_conversion(url) {
  var callback = function () {
    if (typeof(url) != 'undefined') {
      window.location = url;
```

5
集客を強化したい

```
    }
  };
  gtag('event', 'conversion', {
      'send_to': 'AW-XXXXXXXXX/YYYYYYYYYYYYYYYYYYY',
      'event_callback': callback
  });
  return false;
}
</script>
```

「なぁんだ、これを自分のWebサイトに貼り付ければいいだけでしょ？　簡単じゃん」

そう思いましたか？　確かに、配信している広告が1つなら簡単です。大変なのが、同時並行で複数の広告を出すときです。各プロモーションごとに発行されたコンバージョンタグを、それぞれ対応するページに追記していかないといけません。下記に例を挙げましょう。

- 商品Aの広告を打った
    → 商品Aのコンバージョンタグを購入完了ページに埋め込む
- 商品Bの広告を打った
    → 商品Bのコンバージョンタグを購入完了ページに埋め込む
- 会員登録の増加を狙った広告を打った
    → コンバージョンタグを会員登録完了ページに埋め込む
- 商品Aの広告を止めた
    → 商品Aのコンバージョンタグを購入完了ページから削除

これらをすべて手作業で行う上に、動作確認に手間がかかり、広告戦略を広げられないことも……。

うわー、考えただけでめんどくさそう。古いタグが残ったままになったり、必要なタグを間違えて一緒に消してしまったりするミスも起こりそうですね……。

そんな問題を解決するのが**Googleタグマネージャ**だよ。Googleタグマネージャを使えば、**ブラウザ上でラクにタグを管理できる**んだ。

🖋 Googleタグマネージャでまとめて管理

Googleタグマネージャにコンバージョンタグを設定する手順は、次のとおりです。

❶ コンバージョンタグをもらう

❷ Googleタグマネージャに設定する

◆ コンバージョンタグをもらう

コンバージョンタグは、「Googleアドワーズ」や「Yahoo!リスティング広告」で広告を出稿すると取得できます。Googleアドワーズで広告を出向している状態から、Googleタグマネージャへタグを登録するまでの手順は次のとおりです。

❶ [設定]アイコン（**1**）→[測定]（**2**）→[コンバージョン]（**3**）の順にクリックします。

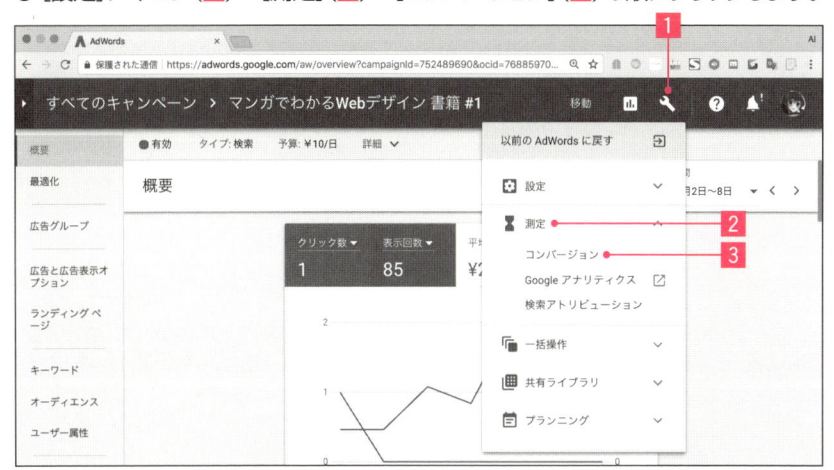

❷ 「コンバージョン アクション」ページになります。まだ何も登録されていませんね。新しくコンバージョンタグを追加するために[+]アイコン（**1**）をクリックします。

❸ コンバージョンの種類を選びます。たとえば、Webサイト上での申込や商品の購入などを追跡したい場合は「ウェブサイト」を選びます（）。

❹ 詳細設定画面になります。必要事項を入力し、画面の一番下にある［作成して続行］ボタンをクリックします。

❺ タグが表示されます。「イベント スニペット」欄のコードに注目してください。コンバージョンIDとコンバージョンラベル、この2つがGoogleタグマネージャ上での設定に必要なものです。

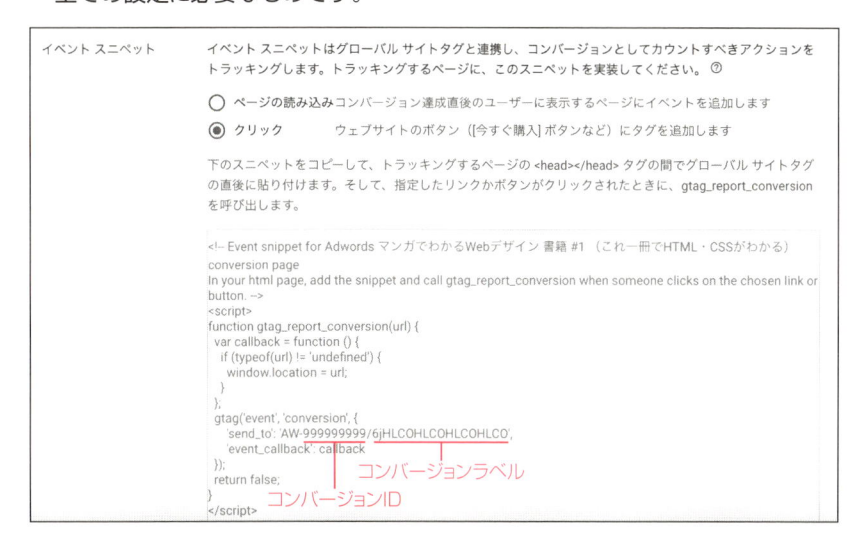

◆ Googleタグマネージャに設定する

先ほど手に入れたコンバージョンIDとコンバージョンラベルをGoogleタグマネージャに設定しましょう。

❶ 先ほど手に入れたコンバージョンIDとコンバージョンラベルを、Googleタグマネージャに次のように貼り付けます（**1**）。

❷ 次に、トリガーを設定します。購入完了ページ（thanks.html）をコンバージョンページとして計測したい場合、次のように設定します（**1**）。

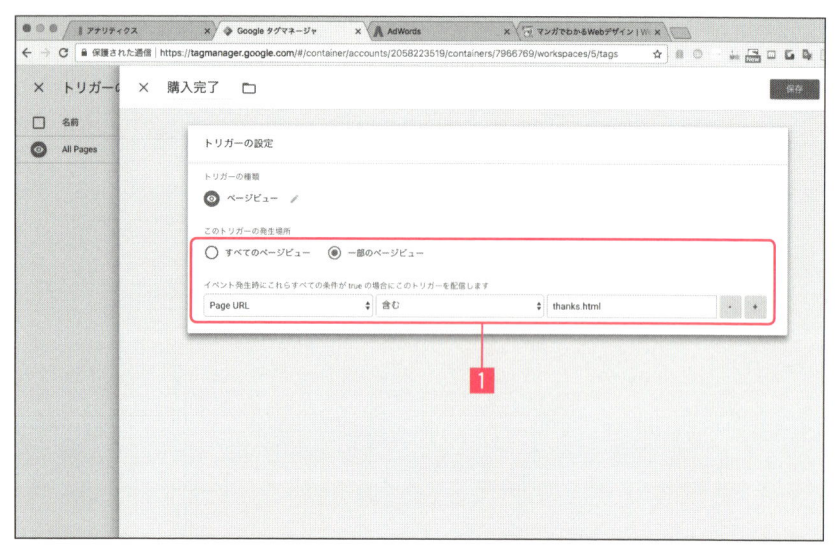

トリガーって何でしたっけ？

トリガーっていうのは、タグを発火させるための条件のことだよ。今やったことは、この図でいうと一番右だね。

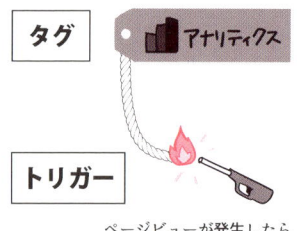

ページビューが発生したら
（サイト内のすべてのページが対象）

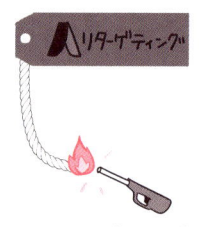

URLにitemを含むページに
ページビューが発生したら

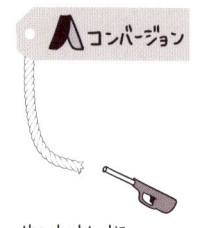

thanks.htmlに
ページビューが発生したら

これで、ユーザーが購入完了ページ（thanks.html）を閲覧したときだけにタグが発火するわけだ。

❸ おめでとうございます！　これで、Googleタグマネージャにコンバージョンタグ
を設定できました!

◆ タグの一時停止・削除も簡単

Googleタグマネージャに登録したタグは、一時停止・削除も簡単です。ソース
コードを一切さわらず、ブラウザ上から行えます。

❶ 一時停止したいタグを開き、[:]アイコン→[一時停止]、または[:]アイコン→
[削除]をクリックします。

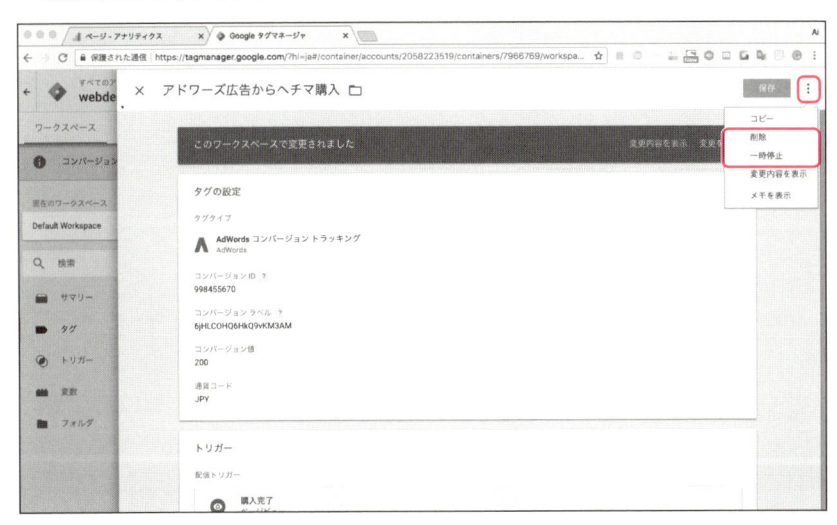

❷ ［保存］ボタンをクリック後、タグ一覧をみると、一時停止されているのが見てとれます。最後にプレビュー・公開してWebサイトに反映すれば完了です。

わぁ～、らくちん！　最初にGoogleタグマネージャに登録さえしておけば、クリックひとつで計測用コードをON/OFFできるんですね。

Googleタグマネージャの良さがわかってきたでしょ。

改善する必要が
ある部分が
たくさん見えてきたぞ

5
集客を強化したい

CHAPTER 6

コンバージョン率を上げたい

目標を分解して
対策範囲を明確にする

分解することで見えてくるもの

　上司やクライアントから「売上を上げてほしい」と言われたとき、みなさんは
どう考えますか？　いったい何をやれば売上が上がるんだろう。自分は何をす
ればいいんだろう。「売上を上げる」という言葉単体で捉えると、無理難題の
ように思えて、思考停止に陥ってしまいがちです。

　そこで役に立つのが要素の分解です。26ページでも目標を分解しました
が、さらに分解してみましょう。

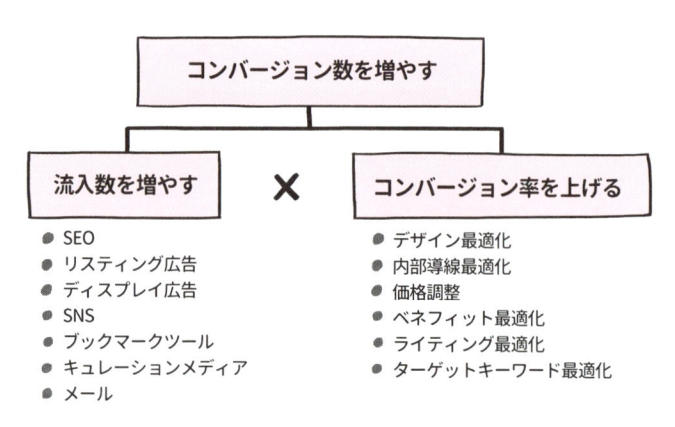

　こんな風にブレイクダウンし、さらにそれぞれに現在の数値を入れると、ど
こに手を入れるべきかが見えてきます。

　Webサイトの分析は、お医者さんの診断のようなものです。

　たとえば、あなたが病院に行き、「体調が悪いんです」と伝えたとします。す
るとお医者さんは「慢性的なものか、突発的なものか？　痛いのは頭か、お腹
か？」などと問題を切り分けていき、特に影響が大きそうな部分から治療を開
始しますよね。ただ漠然と「体調が悪い」と診断するのではなく、問題を分解
して考える。その方が早く・正確に治療ができることを知っているからです。

分解したら、施策が具体的になって、何だかできそうな気がして
きたよ！

SECTION 28 コンバージョン率改善のコツ

✍️ コンバージョン率を改善するための3つのコツ

「いろいろやってみたけど、結局効果がなかった……」そんなことにならないために、次の3つのコツを押さえておきましょう。

◆ ① 1箇所ずつ改善する

コンバージョン率の改善施策は、基本的に1箇所ずつやっていきます。

1度に何箇所もサイトをいじってしまうと、どの部分が効いたのか/効かなかったのかがわからず、効果を検証できないからです。

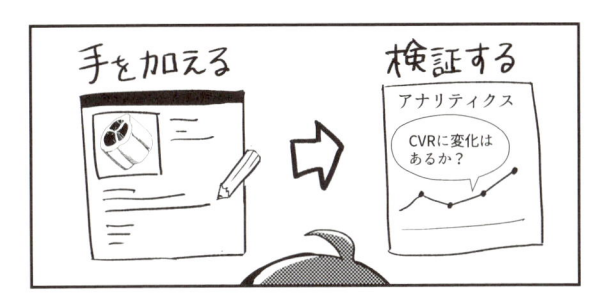

◆ ② コンバージョンまでの道のりを流れで捉える

コンバージョンまでの道のりを、紙に書き出しましょう。そして、その流れの中でどこが妨げになっているか考えます。現在の数値も合わせて書き入れられるとベストです。

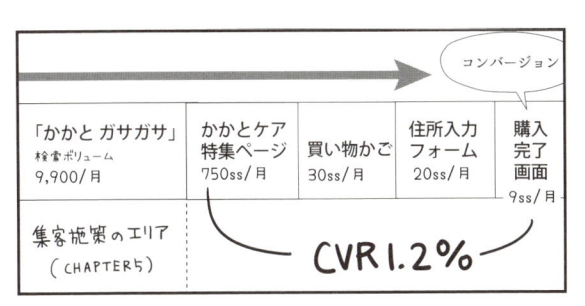

右端縦書き：

6 コンバージョン率を上げたい

流れを考える際、同時に次の点も確定させましょう。

- ●ゴール地点：そもそも何をもってコンバージョンとするか
- ●スタート地点：コンバージョン率の母数をどこに設定するか

コンバージョンの定義は、サイトの戦略・フェーズによって変わります。

たとえば、「サービス開始直後。今は無料会員数を増やすことを第一に優先する」というフェーズならば、コンバージョンは「無料会員登録完了画面の表示」です。

「無料会員数が確保できてきた。今からは利益を回収していく」というフェーズならば、コンバージョンは「有料会員への移行完了画面の表示」です。

このように、同じサイトであっても、時期によってコンバージョンの定義が変化することがありますので、常に確認しながら改善を進めましょう。

◆ ③ 大きなPDCAの中の、小さなPDCAを回す

さて、②の工程を経たら、改善すべき場所がいくつも見えてくると思います。

次は、それらに対して小さなPDCAサイクルを組んでいきます。

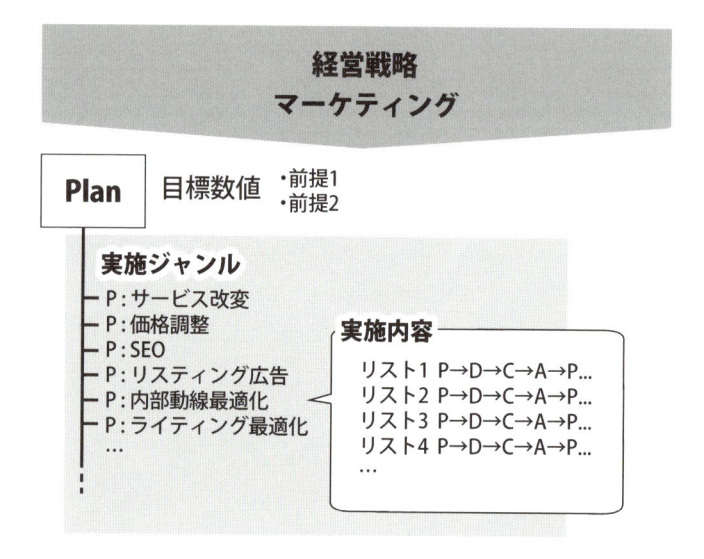

PDCAサイクルって1つだけだと思ってた！ こんなふうに二重、三重になってるんだね。

売れるコンテンツの作り方

🎨 売れるコンテンツ＝ターゲットの葛藤を解決してくれるもの

　マーケティングの本を読むと必ずと言っていいほど「ターゲットのニーズに沿ったものを作りましょう」と書いてあります。でも、ニーズと言われても漠然としていて思い浮かびませんよね。

 うーん。ニーズを考えるって言われても、何も思い浮かばないや。

 そうだろうね。今、何も思い浮かばないのはある意味、正しいよ。

 えっ？　どういうことですか？

 わかばちゃんは、ターゲットに直接会って話したことある？

 え、そんなことしたことないですけど。

 じゃあわからないのも当然だよ。ニーズっていうのはターゲットの頭の中にあるからね。

◆ ① ターゲットに直接会って話を聞いてみる

ターゲット、もしくはターゲットに近い存在にヒアリングをしてみましょう。キーワードは葛藤・困りごとです。

たとえば、この本のターゲットの1つ、Webプログラマにヒアリングをしたところ「Googleアナリティクス自体は触ったことはある」「でも、それを使ってサイト改善をしてくださいと言われたら具体的にどの数字を見ればいいかわからない」と教えてくれました。

話を聞いてみるまでは「Webプログラマは技術全般に強いから、きっとGoogleアナリティクスも使いこなしているだろう」と思っていましたが、ヒアリングして初めてこのようなニーズがあることを発見しました。

ニーズとは、机上で空想するものではなく、実在の人間たちが持つ葛藤そのものなのです。

◆ ② ターゲットが検索しそうな言葉でTwitterを検索してみる

直接話すのが難しい場合、ターゲットが検索しそうな言葉でTwitterなどのSNSを検索してみるのも手です。

たとえば「Googleアナリティクス わからない」などで検索すれば、具体的にどんな場面で困っている人が多いのか、傾向が読み取れます。

このとき、ただ漫然とタイムラインを眺めるのではなく、ターゲットの認識・意見・感情について未知の部分を埋めるよう意識しながら情報収集すると、精度が高まります。

項目	内容
認識	何を知っていて何を知らないか？　関心があること・関心がないことは？
意見	何に賛成で、何に反対か？　その意見の背景にあるものは？
感情	何をやりたいか、やりたくないか？　どう言われると嬉しいか？　反対にどう言われると怒ったり、悲しんだりするか？

ターゲットの葛藤が洗い出せたら、その葛藤を解決してあげるコンテンツを作っていく。もちろん1ページだけじゃ解決してあげられないこともあるから、その場合は複数ページ体系立てて作って、疑問点や不安を解決してあげると効果的だよ。

タイトルと内容を
ブラッシュアップする

✍ タイトルと中身を一致させる

　魅力的なタイトルを発見し、「自分が求めていた情報がありそうだ!」と思ってクリックしてみたら、思っていたのと違ってガッカリ。みなさんにも経験がありませんか?

　たとえば「私が3ヶ月で10kg痩せた3つの習慣」というタイトルに惹かれてクリックしてみたのに、実際の記事内容は健康食品の押し売りだった、という具合です。

　どれだけ魅力的なタイトルをつけても、ページの内容がともなっていなければ、ユーザーの期待を裏切ってしまいます。

　ユーザー視点で見たとき違和感があったり、直帰率や離脱率が高すぎるページがあれば、次のA、Bどちらかの対応をします。

- A：タイトルを適切なものに修正する
- B：タイトルに見合ったコンテンツになるよう、読者視点で誠実に作りこむ

「クリックしてもらえるならそれでいいじゃない」

　方針によってはそういう考え方もあるでしょう。ただし、リピーターを増やしていきたいのであれば、そのようなコンテンツを量産するのはおすすめしません。

　信頼残高という言葉があります。自分が相手に言ったこと・したことが信頼口座の取引明細になります。

　信頼を得ることをすれば預け入れ（プラス）となり、信頼を損なうことをすれば引き出し（マイナス）となります。

　これは人間ひとりの信頼を貯金残高に見立ててた考え方ですが、サイトやアプリにも当てはまります。

◆ 信頼残高が低いサイトのユーザーの声

うわぁ、また、ここのサイトか……。

二度と来たくない。

◆ 信頼残高が高いサイトのユーザーの声

このサイトって私たちのことを考えたコンテンツが多いのよね!

また見に来ようっと!

　信頼残高が高いサイトを目指して制作していきたいですね。

コピーコンテンツを作らない

　「あ、このサイトの文章、わかりやすくておもしろいから、コピーして使っちゃおう」

　この行動がいけないことなのは言うまでもありません。著作権侵害に触れてしまうのはもちろんのこと、コンテンツの重複はSEO的にもよくありません。

COLUMN 「で、そのWebページ読まれてる?」滞在時間で判断する

コンテンツを作ったら、そのページがユーザーにちゃんと読まれているかどうか知りたいですよね。

そんなときは、滞在時間が目安になります。

Googleアナリティクスの左メニューから[行動]→[サイトコンテンツ]→[すべてのページ]の順にクリックし、[ページタイトル]をクリックします。

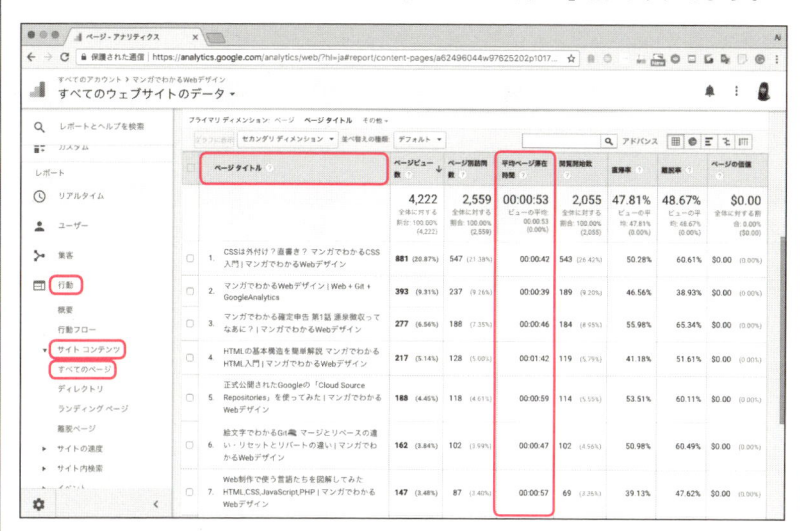

「平均ページ滞在時間」に注目してください。たとえば、「00:00:42」と表示されていれば「平均して42秒、ユーザーはこのページにとどまっていた」という意味です。

Microsoft Research(参考文献:Understanding web browsing behaviors through Weibull analysis of dwell time)の研究結果によると、ユーザーはページ訪問の最初の10秒以内にそのページにとどまるか離脱するかを判断しているといいます。この最初の10秒の審判をくぐり抜けられれば、少しの間は見て回られることになります。さらに彼らにとって有益だと思われれば、1分以上滞在してもらえることもあります。

- 悪いページ:10秒以内で見捨てられる
- 良いページ:数分間の時間が割り当てられる可能性もある

 ユーザーの注意を引きつけるためには、最初の10秒以内で バリューを明確に伝えることが大事なんですね。

 注意してほしいのは、この「良い・悪い」の判断は、ユーザー が判断するってこと。僕たちの主観は挟んじゃいけない。

 確かに。こう数字で出ると、ユーザーの気持ちが如実にわか りますね。

インターンシップ
終了まであと1週間

なんかいい感じにする部

しゅん

1度は本社ビルで
ランチ
食べたかったな…

仕方ないなぁ

ブ

ン

ざわ...

ヒソ

社長だ！

えーと

アジフライ定食 ひとつ

平社長だ

ヒソ

すごい！
こっちのビルに
来るなんて

ヒソ

実在
したんだ

え

平

社長？

平さんって
社長だったの!?

ビクゥ

最初社員って名乗ったのは
特別視されるのが
苦手だから…

じゃあ
プレハブ倉庫に
いるワケは？

離れたところから
自社を客観的に
見るためかな…

あのプレハブ
創業時から使ってるから
愛着もあるし

変な人ですね

へえ…

にま

でもまだ
疑問なのが

なんでわざわざ私だけ
平さんのところに
飛ばされたのかって
ことなんですけど

さぁ、それは僕にも
わからないな

配属は本部長が
決めてるから

あの人は
人を見る目だけは
確かなんだ

ふ〜ん

人を見る目だけは
ねぇ…？

あっ
すみません
そういう意味じゃ

ギャ〜〜

ドズン
バタン

変な人たち
ですね…

コツコツ
地道に

施策を
実行していくのだ

CHAPTER 7

日々の解析を
もっとラクにしたい

SECTION 31

「マイレポート」で日々のチェックをラクにしよう

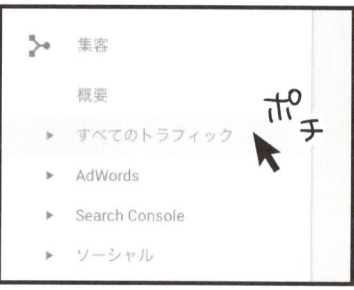

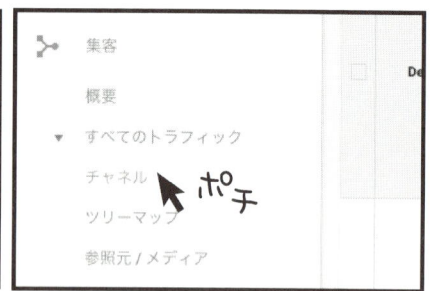

マイレポートって何？　使うとどういいの？

「毎回毎回、レポート画面を移動したり、セグメントを適用したりするのは面倒」

そんなときにオススメなのがGoogleアナリティクスの「マイレポート」機能です。

特にチェックしておきたい指標をよりすぐって、1つの画面にまとめておくことができます。

> 確かに、よく見る指標は限られてくるもんね。

マイレポートを作ってみよう

マイレポートを作るには、次のように操作します。

❶ メニューから［カスタム］（**1**）→［マイレポート一覧］（**2**）をクリックし、［作成］ボタン（**3**）をクリックします。

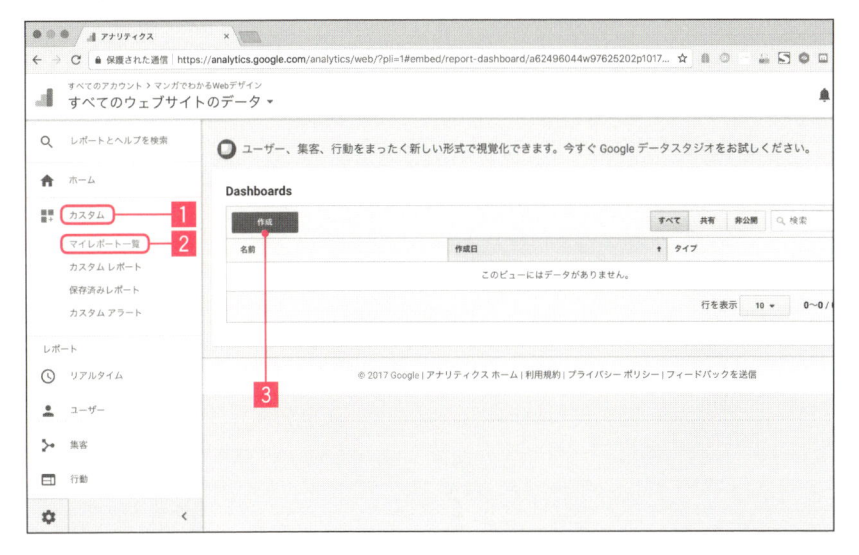

❷ [空白のキャンバス]、または[デフォルトのマイレポート]が選択できます。今回は、基本的な項目があらかじめ設定してある[デフォルトのマイレポート]を選択します（**1**）。

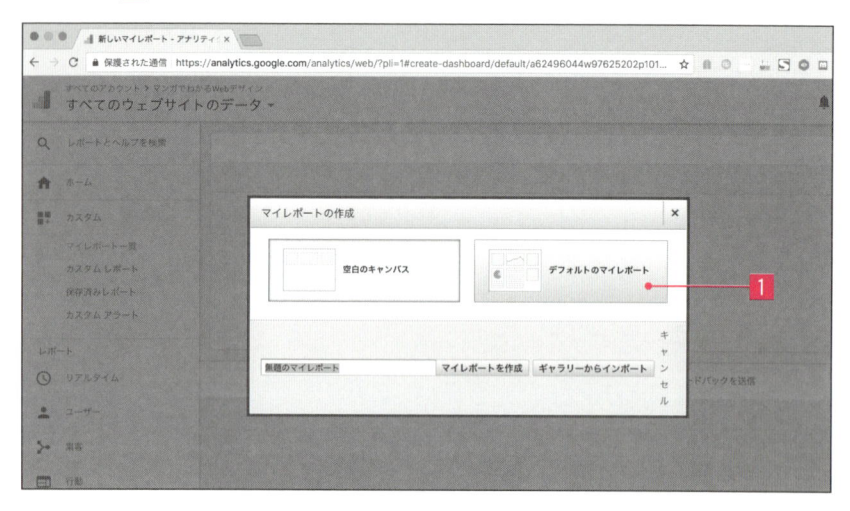

❸ マイレポートができました！　この1つひとつのカードのことを「ウィジェット」と呼びます。ウィジェットを追加したい場合は、[+ウィジェットを追加]（**1**）で増やすことができます。

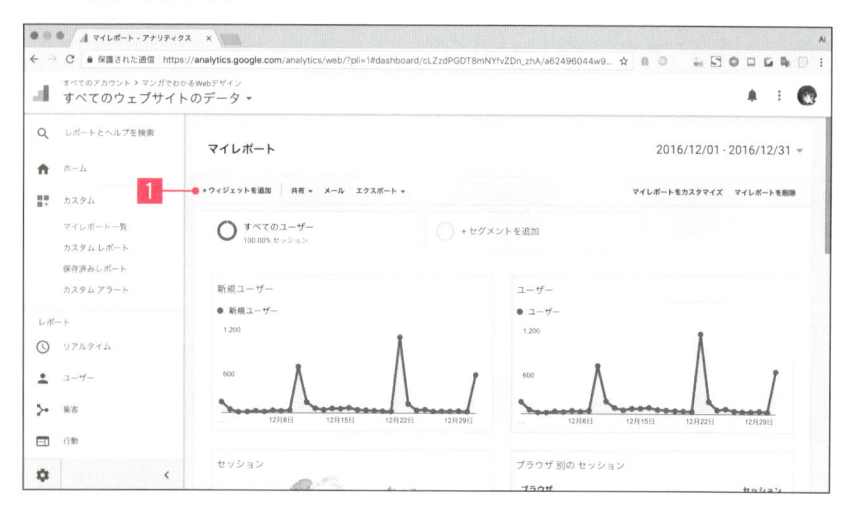

❹ [+ウィジェットを追加]をクリックして、オリジナルのウィジェットを作ってみましょう。デバイスカテゴリ別に離脱率と直帰率を見たい場合は次のように設定し（**1**）、[保存]ボタン（**2**）をクリックします。

❺ すると、今作ったウィジェットが追加されました!

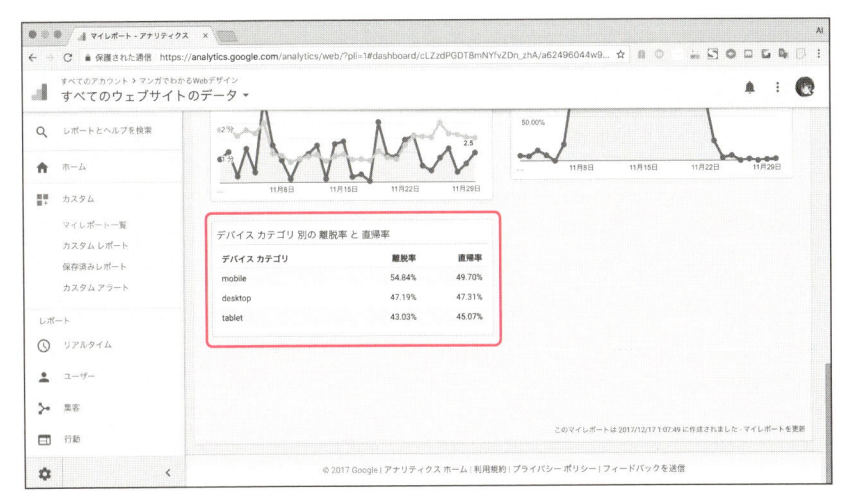

このようにして、自分がチェックしたい指標だけを寄せ集めたオリジナルのレポートを作ることができます。

マイレポートを定期的にメールで受け取る

マイレポートの結果を、定期的にPDF形式で受け取ることもできます。

❶ マイレポートの表示時のメニューから、[メール]（**1**）をクリックします。

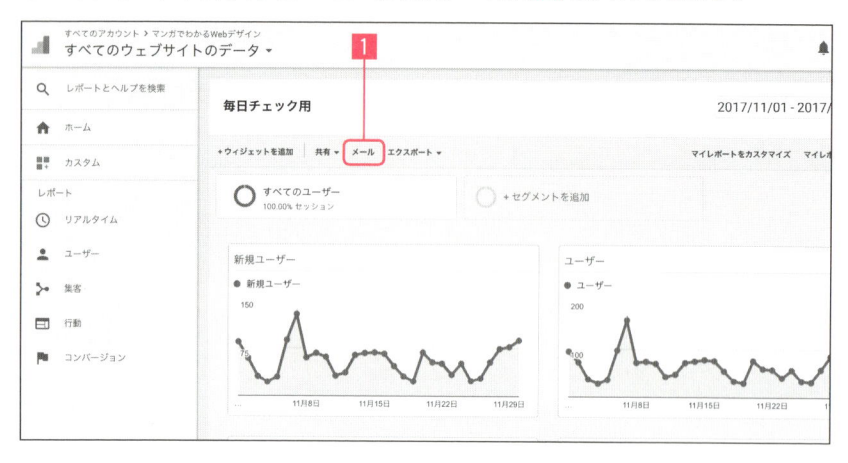

❷ メールの宛先・レポートを送る頻度を設定できます（**1**）。

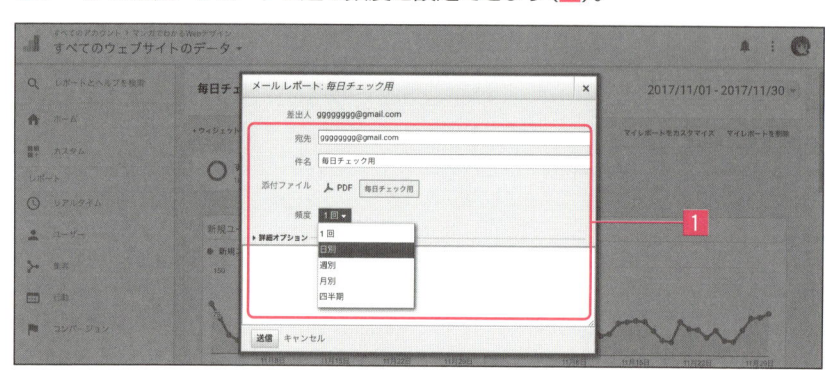

これで、チェックしたいアクセス情報をメールで毎日、受け取れるようになったよ!

こうやって便利機能を使いこなせば、ラクになって最高よね。自動化できるところはとことん自動化して、人間は「人間がやるべきこと」に集中しましょ。

よーし! 空いた時間で、集客コンテンツをもっとブラッシュアップしようっと!

SECTION 32 「カスタムアラート」で、注目している指標の変化を察知しよう

大きな変化を見逃さないために

「注目している指標に変化があったら、いち早く気付きたい」

そこでおすすめなのが、Googleアナリティクスのカスタムアラートという機能です。自分で指定した条件を超える数値が観測された場合にお知らせしてくれます。

たとえば「先週に比べて、自然検索流入が10％増加したらメールを送る」なんてことができるよ。

カスタムアラートを作ってみよう

カスタムアラートを作成する方法は次のとおりです。

❶ [管理]アイコン(**1**)をクリックし、[カスタムアラート](**2**)をクリックして、[+新しいアラート]ボタン(**3**)をクリックします。

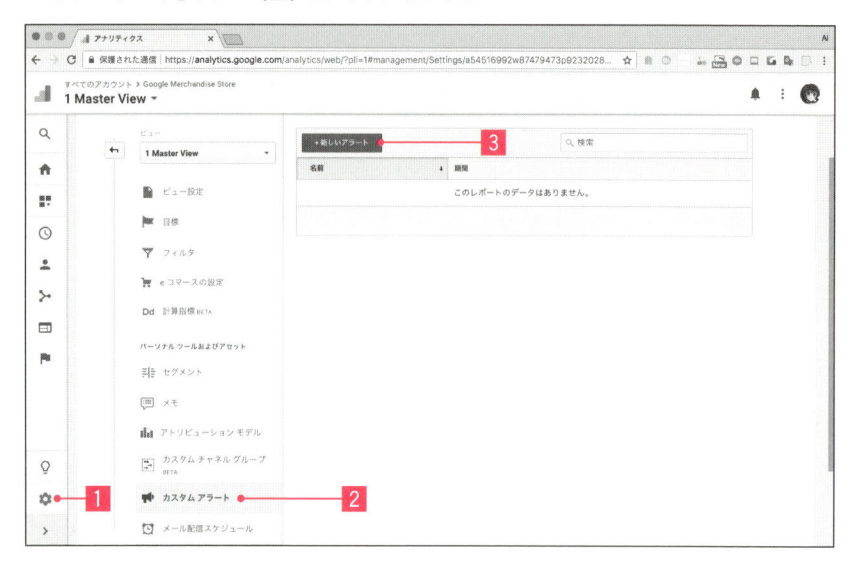

❷ 各項目を設定します。

▼ (設定例)先週より自然検索流入10%増でアラートを送る

▼（設定例）先週より自然検索流入10%減でアラートを送る

❸ 他の人にもメール通知を送りたい場合は、表示されるメールアドレスのメニューで［新しいメールアドレスを追加］をクリックし、メールアドレスとラベルを入力して［OK］ボタンをクリックします。なお、アラートの送信元は「noreply@google.com」になります。

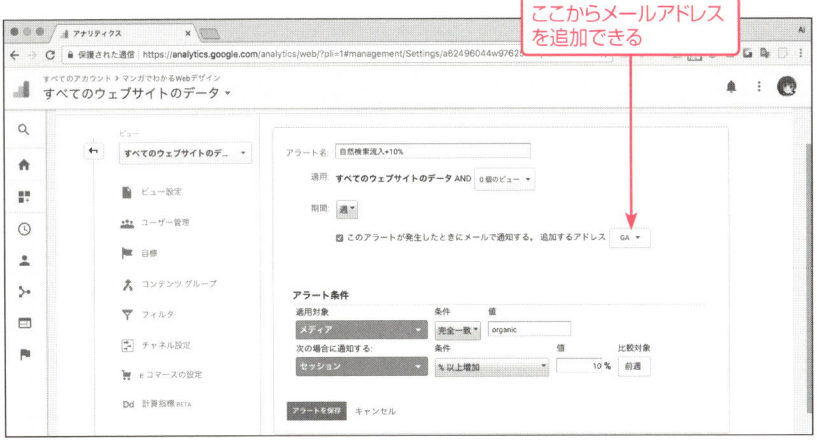

ここからメールアドレスを追加できる

❹ 設定し終わったら、［アラートを保存］をクリックします。

これで、注目している数値に急増・急減があったらすぐ気付けるようになったね!

7

日々の解析をもっとラクにしたい

「Googleデータスタジオ」で データを可視化してみよう

Googleデータスタジオとは?

「上司やクライアントにパッと見せたときに伝わりやすい、直感的なレポートをササッと作りたい」

そんなときに役立つのがGoogleデータスタジオです。Googleが提供している無料ツールで、データを美しく可視化することができます。

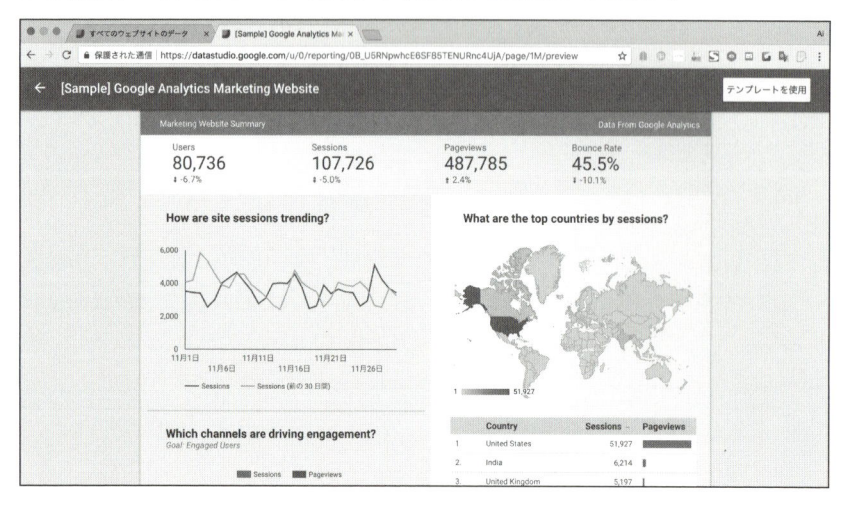

Googleデータスタジオでできること

Googleデータスタジオでは、次のようなことができます。

◆ グラフ化

連携したデータを使って、棒グラフ、円グラフ、表、ヒートマップ、地図、スコアカード、散布図、ブレットグラフ、面グラフなどに加工することができます。前期比の変化も表示可能です。

◆ 複数人で共有できる

リアルタイムで共有、共同編集ができます。社内のグループだけに共有したり、特定の個人だけに共有することもできます。

◆ さまざまなツール・データとの連携

Googleアナリティクスの他、Googleサーチコンソール、Googleアドワーズ、Youtubeアナリティクスなどと連携し、そのデータを使ってWeb上でレポートを作ることができます。

また、MySQLやPostgreSQL、CSVで制作されたデータもアップロードして使うことができます。

Googleデータスタジオを使ってみよう

実際にGoogleデータスタジオを使ってみましょう。

❶「Googleデータスタジオ」と検索するか、次のURLを開きます。

　　URL https://cloud.google.com/data-studio/

❷ [DATA STUDIOを起動する]ボタン（■）をクリックします。

❸ 管理画面のトップページになります。[すべてのテンプレート]（■）をクリックすると、Googleデータスタジオで作れるレポートのサンプルが見られます。

7 日々の解析をもっとラクにしたい

▼レポートのサンプル〜その1

▼レポートのサンプル〜その2

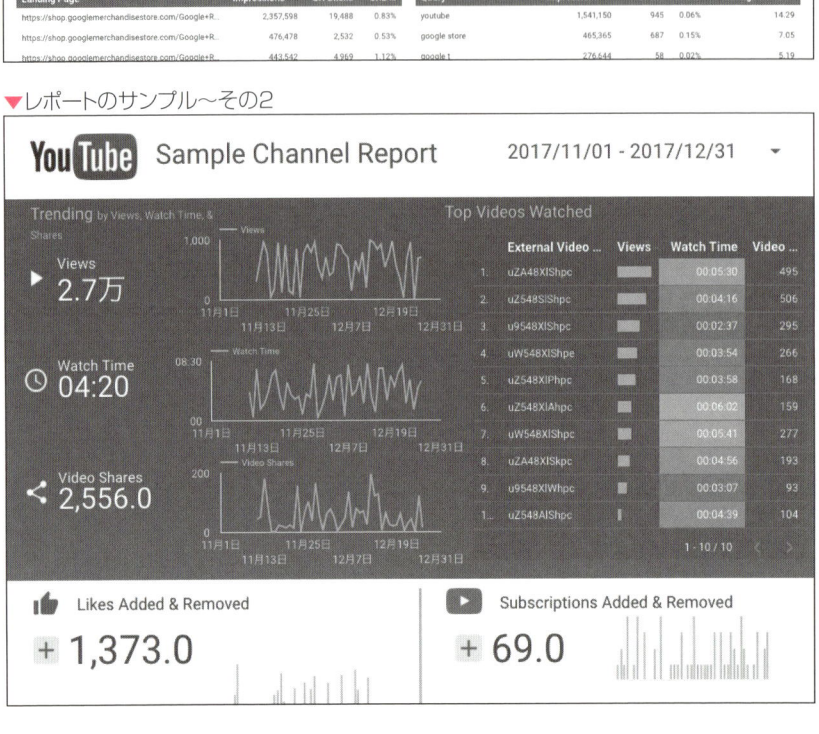

▼レポートのサンプル～その3

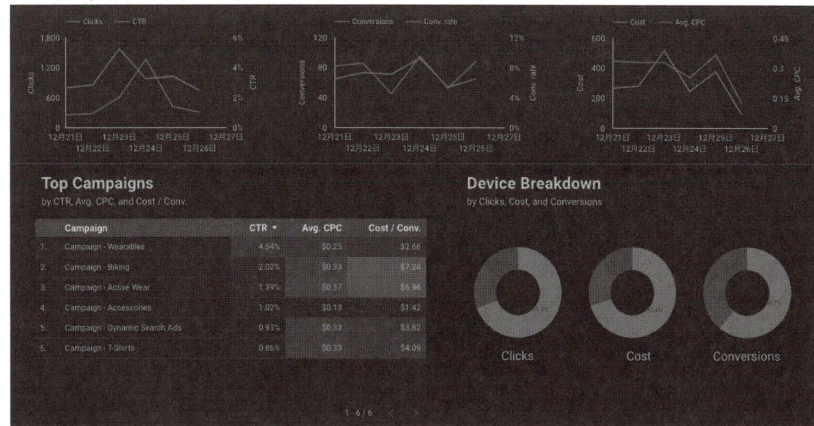

 わぁー、すごい！　かっこいいね。

❹ では、今からGoogleアナリティクスを連携させてみましょう。左メニューから
［データソース］（**1**）をクリックし、右下の［+］アイコン（**2**）をクリックします。

❺ 左メニューから[Googleアナリティクス]（**1**）を選択し、[承認]ボタン（**2**）をクリックします。

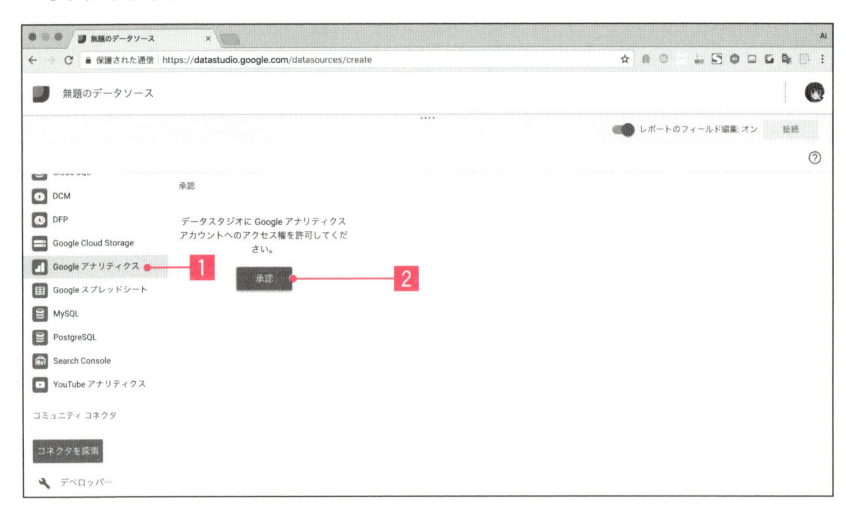

❻ 接続したいデータソースを選択し（**1**）、[接続]ボタン（**2**）をクリックします。

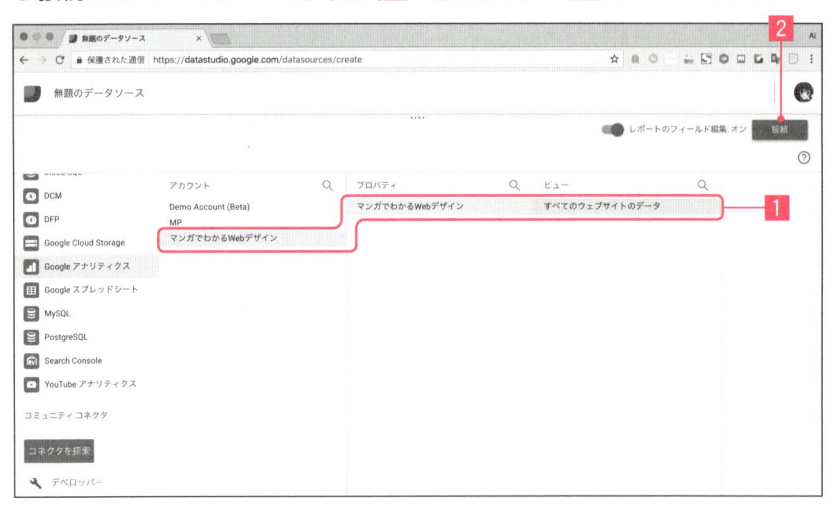

❼ 項目が自動で表示されます。このまま[レポートを作成]ボタン(**1**)をクリックします。

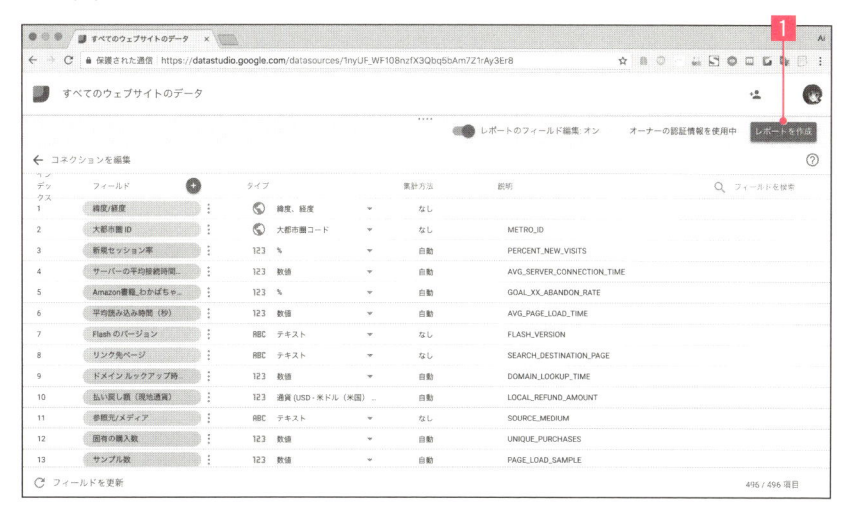

❽ [レポートに追加]ボタン(**1**)をクリックします。

❾ レポート作成画面になります。上のメニューバー（**1**）から追加したいもののアイコンを選択し、ドラッグアンドドロップで範囲選択することでグラフを描画できます。編集中、見た目を確認したいときは右上の［ビュー］ボタン（**2**）でチェックできます。

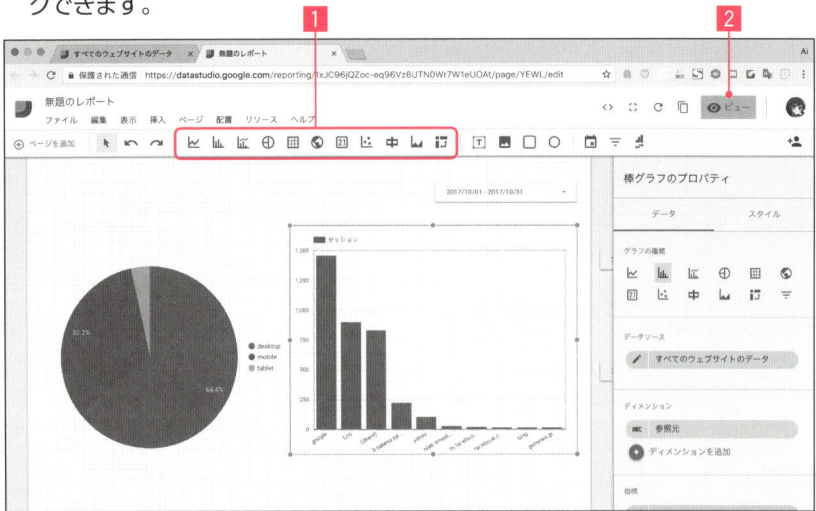

▼［ビュー］ボタンでプレビューできる

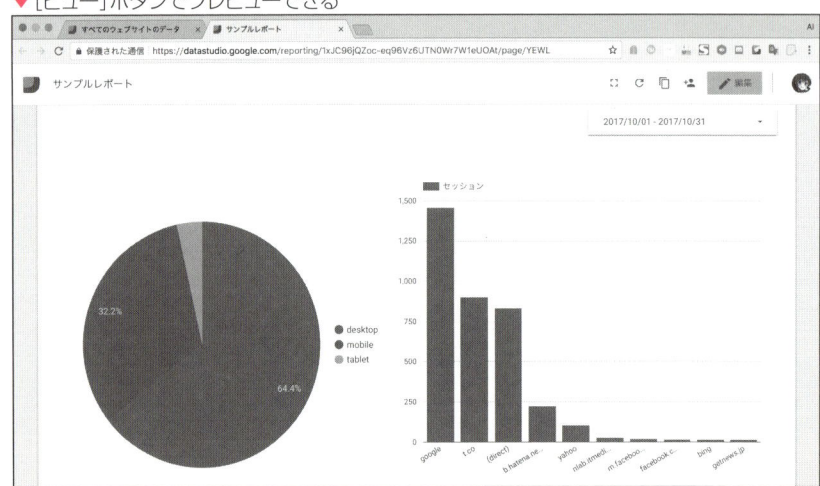

❿ 他の人に共有したいとき・共同編集したいときは、人のマークの［このレポートを共有］アイコン（**1**）をクリックします。

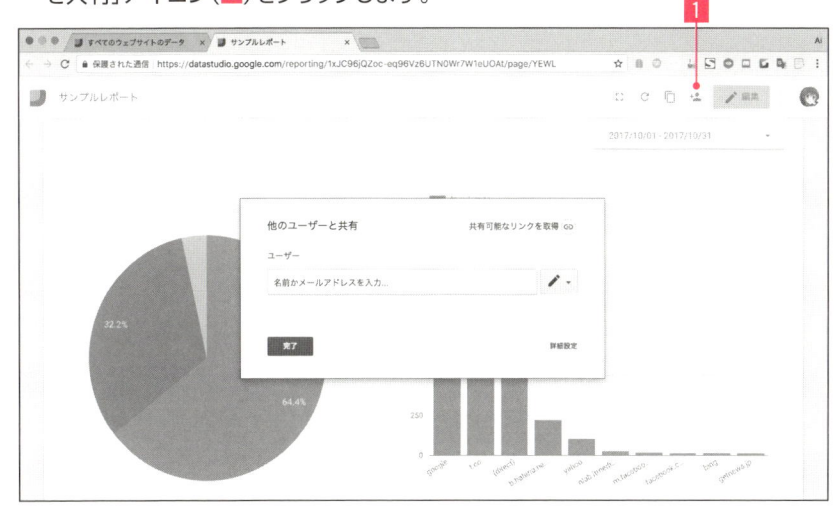

⓫ 過去に作ったレポートは管理画面のトップページから閲覧できます。

追加されたレポート

⓬ もとからGoogleが用意してくれているテンプレートを使うこともできます。試しに、サーチコンソールのテンプレートを使ってみましょう。

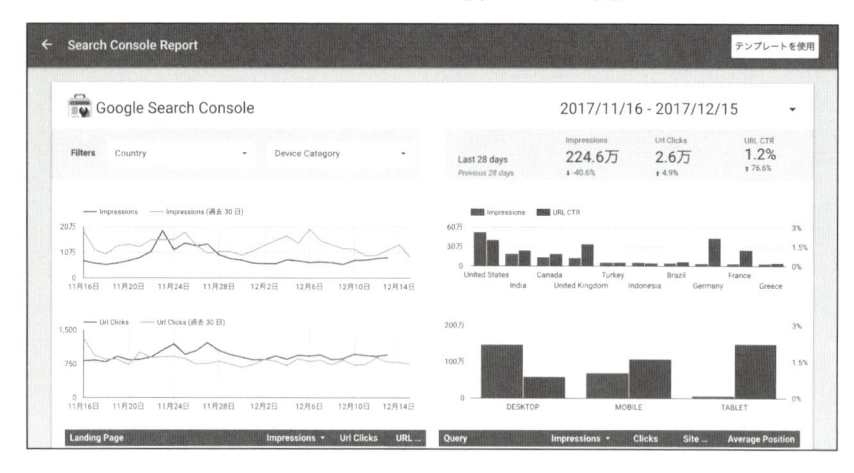

⓭ 最初はサンプルのデータが入っています。自分のサイトのデータを表示したい場合は、グラフをクリックし、右メニューの[データソース]欄（**1**）を開いて、対象にしたいデータを選択すれば、テンプレートの形式で表示されます。

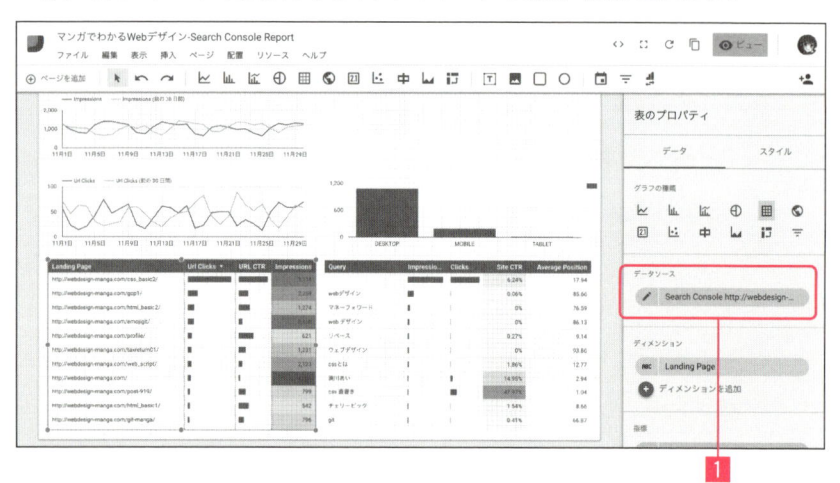

 すごい！　いちいち別のソフトに数値をコピペしなくても、Web上だけでこんなにきれいなレポートが作れるんだ！

 会議で共有したい数値を、パパッとグラフ化して共有できるから便利ね。

レポート自動作成サービス 「KOBIT」を使ってみよう

✍ サクッと自動で面倒なレポート作成をしてくれる「KOBIT」

「月末になると、クライアントのために徹夜でレポートづくり。仕組み化したい」

「クライアントが満足するような説得力のある提案書を作りたい。でも時間が足りない」

「ECサイトの売上を上げるために次の一手が欲しい。でも、コンサルティングは費用が高すぎる」

Webサイト制作・運営をしていると感じるお悩みのアレコレ。

これらのお悩みを解決してくれるのが、月額5000円で自動でレポートを作ってくれる「KOBIT」というサービスです。

- KOBIT – Googleアナリティクスからアクセス解析レポートを自動生成

  URL https://kobit.in/

小人さんが夜にレポートを作ってくれたらいいのにという発想から生まれたこのサービス。具体的にはどのようなものなのでしょうか?

実際のレポートイメージ

KOBITが作ってくれるレポートのサンプル（パワーポイント形式）を少しのぞいてみましょう。

日別、曜日別、時間別アクセス分析

先月と比べ、177%程度アクセス数(PV数)が増加し、今月は9,214PVでした（図1）。全体の平均で見ると、月曜日,火曜日,水曜日にアクセスが増える傾向にあります（図2）。PV数がピークになる時間帯は13-14時、続いて10-11時, 11-12時, 16-17時です（図3）。

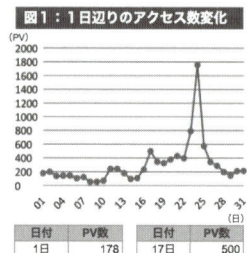

図1：1日辺りのアクセス数変化

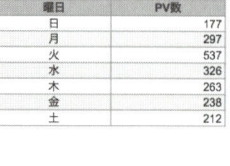

図2：曜日別アクセス数変化

図3：時間帯別のアクセス数

日付	PV数	日付	PV数
1日	178	17日	500
2日	198	18日	344
3日	139	19日	325
4日	143	20日	379
5日	144	21日	431
6日	106	22日	397
7日	123	23日	788
8日	55	24日	1,756
9日	56	25日	575
10日	73	26日	342
11日	242	27日	287
12日	242	28日	198
13日	180	29日	147
14日	97	30日	212
15日	110	31日	215
16日	232		

曜日	PV数
日	177
月	297
火	537
水	326
木	263
金	238
土	212

時間帯	PV数	時間帯	PV数
00-01時	401	12-13時	505
01-02時	245	13-14時	591
02-03時	163	14-15時	461
03-04時	85	15-16時	491
04-05時	61	16-17時	558
05-06時	95	17-18時	525
06-07時	166	18-19時	421
07-08時	328	19-20時	323
08-09時	378	20-21時	464
09-10時	427	21-22時	489
10-11時	584	22-23時	434
11-12時	559	23-24時	460

（調査データ：2017年10月1日〜10月31日）

ユーザーの利用しているデバイス

スマホユーザー比率は24.3%、PCユーザー比率は72.3%、タブレットユーザー比率は3.5%となっています。デバイス利用比率はPCが72.3%とダントツに大きい状態です。PCの直帰率はスマホと同水準です。

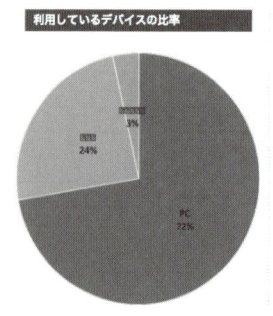

利用しているデバイスの比率

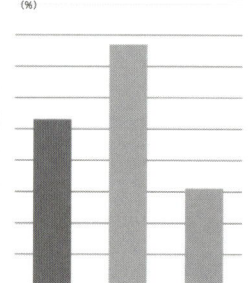

デバイスごとの直帰率比較

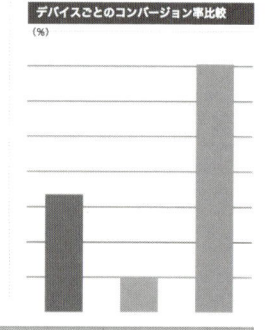

デバイスごとのコンバージョン率比較

デバイス	比率	セッション数	直帰率	コンバージョン率
PC	72.3%	1,486	47.3%	0.57%
スマホ	24.3%	499	49.7%	0.68%
タブレット	3.5%	71	45.1%	0.54%

（調査データ：2017年11月1日〜11月30日）

7 日々の解析をもっとラクにしたい

サイトの改善提案

優先順位 **1** スマホユーザーの導線改善　　重要度 100/100

スマホユーザーのコンバージョン率がPCユーザーと比べて低いようです。スマホユーザーのコンバージョン率を高めましょう。スマホユーザーがお問い合わせページに到達していない可能性があります。導線設計を見直しましょう。スマホで、お問い合わせフォームのユーザビリティを確認してみましょう。

優先順位 **2** ソーシャル流入ターゲット調査　　重要度 65/100

ソーシャル流入のコンバージョン率を高めましょう。サイトのペルソナに合ったターゲットを設定すると、コンバージョン率を上げることができます。また、一般的にソーシャルはリスティングなどと違い、コンバージョンに至るまでに時間や労力がかかります。コンバージョンの障壁自体をもう1段階低く設定することで、ソーシャル経由のアクセスを有効に使えるかもしれません。

優先順位 **3** 「買い物客/買い物好き/価格重視」向けのサイト改善　　重要度 28/100

「買い物客/買い物好き/価格重視」ユーザーの流入が1位（全体の4.87%）と非常に多いサイトです。コンバージョン率は0.35%であり、平均コンバージョン率の0.58%と比べると下回っています。このユーザーにとっての、サイトの体験を改善することで、もっと多くの成果をあげることができる可能性があります。

やるべきことの優先順位を明らかにしれくれるんだ！　これはありがたいなぁ。

📝 KOBITのメリット

KOBITを使うと何がいいのか見てみましょう。

◆ PDCAの「C→A」が資料に組み込まれている

「自動でレポートを作ってくれるとはいえ、それってアナリティクスを見るのと同じじゃないの?」

そう思う方もいらっしゃるかもしれません。KOBITの特徴は、PDCAの「C→A」が資料に組み込まれていることです。

- **Check**：効果を測定する
- **Act**：Checkで確認した結果をもとに、次のPlanにつなげる

「計測するとこうでした」

アナリティクスでもそこまではできます。

　KOBITの場合は「C」だけにとどまらず、その先の「A」、つまりActまで資料に入っています。

ただページビュー数などの数値を出すだけじゃなく、その次の「だから、どのページをどうすべき」という改善策まで提案してくれるのね。

◆ 連携がラク

「でも、使い始めるときに色々と設定が必要なんじゃないの?」

連携は簡単! Googleアナリティクスのアカウントを入れるだけ。ログインするような感覚で登録できます。

 もちろん、自分自身が力をつけて最適な改善策を練れるようになるのが理想だけど、解析すべきサイトが多すぎて手が足りないときや、別の視点からのアドバイスがほしいとき、KOBITは心強い味方になってくれそうだね。

 気になった方は、まずは無料登録してみてね。

7 日々の解析をもっとラクにしたい

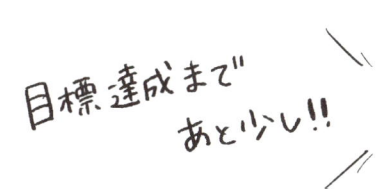

「なんかいい感じにする部」!!

…
本部長

最初言って
ましたよね

あなたには
つぶれかけの部門を
改善してもらうわ

って

でも

全然

つぶれかけじゃ
なかったです

アクセス解析の
アの字も知らなかった私を

平さんは
根気強く教えてくれて

・・・・・

こうして
成果も出せた…

私が言ったのは
「なんかいい感じにする部が
つぶれかけている」という
ことじゃないわよ

!?

企画部

開発部

あれは

他の部門を
改善してもらう
っていう
意味だったんだけど

広報部

「なんかいい感じにする部」で
働くことによってね

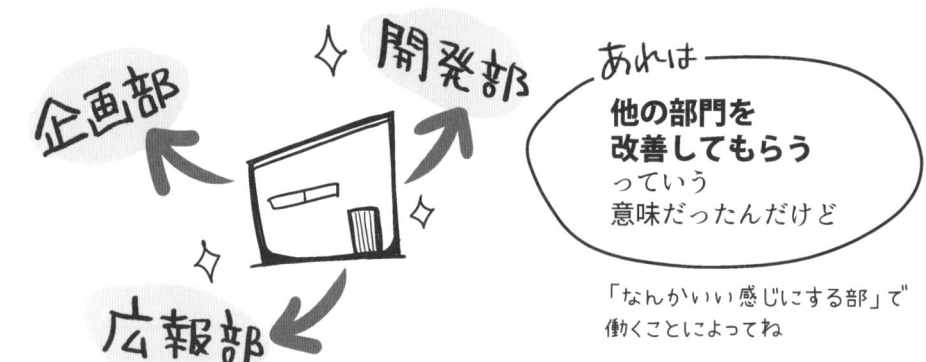

ホゲー

そうだったんだ…

まぁ
あなたはよくやったわよ

企画部の丸目も、あれからは
プロジェクトに関わる人全員に
戦略を伝えられるよう
工夫しているみたいだし

A商品の
ターゲット

でも

まさかあなたが
あのゼミの子
だったとはね

OGとして
誇らしいわ

OG!?
本部長って
魔王教授のゼミの
卒業生だったんですか!?

HAHAHA

ええ

あと
びっくりするかも
しれないけど

★いろいろあるけど、がんばれわかばちゃん!!

おわりに

🌱 著者あとがき

◆ 分野の融合を目指したい

別分野の間には、当然ながら隔たりがあります。共通言語の少なさから、意思疎通や仕事の流れが断絶してしまうためです。

そのミゾを埋めてくれるツールが、GitだったりGoogleアナリティクスだったりするように思います。

この本を書いていて、自分自身気づかされたことがあります。「私がやりたいことは、突き詰めると分野の融合なのだ」ということです。

技術者と非技術者の間にあったミゾが、ゆるゆると融合する。
職場でのストレス・行き違いによるムダが減り、効率が上がる。
分野の違いが、いがみ合いではなく、相乗効果を生み出す。
そしてみんなが本来やりたいこと・やるべきことに集中できるようになる。
それが、この本が目指す世界です。

「わかばちゃんと学ぶ」シリーズが、このような世界の実現に少しでも貢献できるなら、こんなに嬉しいことはありません。

◆「苦労して覚えろ」は違うと思う

「自分はこの技術を苦労して覚えたんだから、君も苦労すべきだ」
世の中にはそんな考え方もあります。

でも、考えてみてください。世界全体で考えたとき、一人の人間がつまづいたことを何十人、何百人が同じようにつまづく……。それってとても非効率じゃないですか？

だから、私は「とことんラクしてほしい」と思うんです。私が苦労したことを、みなさんには何のストレスもなくシュッと通過してほしい。

◆ わかばちゃんが身代わりになってくれる本

「怒られて学べ」という考え方についても、私は疑問を持っています。誰だって失敗したくないし、怒られたくないですよね。とはいえ「どんなことをしたら失敗するのか」「なぜダメなのか」は知っておきたい。

そこで、「わかばちゃんと学ぶ」シリーズでは、わかばちゃんという主人公がクッションとなり、読者の身代わりになってくれる作りにしてあります。
マンガの中でわかばちゃんが失敗することで、ケーススタディー的によくある失敗を先回りできるわけです。

「わかばちゃんってば、ドジだなぁ」
ぜひ、そんな風に笑ってあげてください。わかばちゃんのドジ——つまるところ、過去の私の失敗——が、あなたを救うことがあるかもしれません。

◆ 謝辞

この本の出版にあたり、書籍化の企画を通してくださったC&R研究所の池田武人様、編集長の吉成明久様、KOBIT様での連載をお声がけくださった窪田望様、てぃーびー様、きゅーいんがむ様、レビューアとして原稿をチェックいただきました@HKDnet様、@Np_Ur_様、また、本書の制作に関わってくださったすべての皆様に、この場を借りて心から感謝申しあげます。

湊川あい

🌱 Special Thanks - ゲスト出演

「シス管系女子」より、みんとちゃん

URL http://system-admin-girl.com/

「インフラ女子の日常」より、なつよさん

URL https://twitter.com/infragirl755

「運用☆ちゃん」より、海野 遥子さん

URL https://codeiq.jp/magazine/category/investment/

🌱 参考文献

書籍

『Googleアナリティクス 実践Webサイト分析入門

　ユニバーサルアナリティクス対応

　Web担当者が身につけておくべき新・100の法則』

（いちしま泰樹・著／インプレス）

『Google Analyticsで集客・売上をアップする方法』

（玉井昇・著／ソーテック社）

Webサイト

Google developers（Google公式ドキュメント）

〔https://developers.google.com/〕

索引 INDEX

■著者紹介

湊川 あい（みなとがわ）　絵を描くWebデザイナー。高等学校教諭免許状「情報科」取得済。
「マンガでわかるWebデザイン」をインターネット上に公開していたところ、出版の声がかかり『わかばちゃんと学ぶ Webサイト制作の基本』を出版。
続編の「マンガでわかるGit」も書籍化が決定し、『わかばちゃんと学ぶ Gitの使い方入門』として出版。
マンガと図解で、物事をわかりやすく伝えることが好き。楽しみながら学べるコンテンツを制作・配信中。

■Webサイト
　マンガでわかるWebデザイン
　　URL　http://webdesign-manga.com/

■Twitter ID
　@webdesignManga

■執筆記事
　マンガでわかるGit
　わかばちゃんが行くオフィス訪問マンガ
　運用☆ちゃん
　　（リクルートキャリアWebサイト「CodeIQ Magazine」にて連載）

　マンガでわかるGoogleアナリティクス（KOBITブログにて連載）

　マンガでわかるScrapbox（Scrapboxにて連載）
　　URL　https://scrapbox.io/wakaba-manga/

編集担当：吉成明久 ／ カバーデザイン：秋田勘助（オフィス・エドモント）

わかばちゃんと学ぶ　Googleアナリティクス

2018年4月2日　　初版発行

著　　者	湊川あい
発行者	池田武人
発行所	株式会社　シーアンドアール研究所
	新潟県新潟市北区西名目所 4083-6（〒950-3122）
	電話　025-259-4293　FAX　025-258-2801
印刷所	株式会社　ルナテック

ISBN978-4-86354-232-7　C3055

©Minatogawa Ai, 2018　　　　　　　　　　Printed in Japan